대한민국 법령 시리즈 399

양곡관리법

법령

시행령

시행규칙

해광출판사

머리말

이 책은 방대한 법전을 보지 않고 간편하게 해당되는 법령만 참고해서 볼 수 있도록 하였습니다. 공공기관이나 관련 종사자들이 쉽고 간편하게 해당 법령을 참조 할 수 있도록 하였습니다.

특히 해당법률은 물론 관련 시행령, 시행규칙을 함께 실어 관련법을 서로 참고할 수 있게 하였습니다.

법률이라는 것이 크든 작든 항상 변하는 관계로, 출간 이후의 정확하고 최신의 법률은 법제처 국가법령정보센터에서 확인이 가능하니 법률의 실제 적용 시 확인이 필요한 점 유의하기를 바랍니다.

편집부

* 수록 법률은 법제처 국가법령정보센터에서 확인 가능합니다.
* 발행일 기준 시행 법률이므로 최신 법령은 위 센터에서 볼 수 있습니다.
* 본 책자에 수록된 법률의 문구에 대하여 법적인 효력은 없으며,
  실제 적용 법률은 위 센터에서 최신의 법률로 확인하시기 바랍니다.
* 해당 법령과 함께 시행령, 시행규칙도 수록되어 있습니다.
* 발행일 기준으로 개정 예정 법률은 밑줄로 별도 표시되어 있으며,
  보다 정확한 것은 법제처에서 확인하기 바랍니다.

목차

양곡관리법

[시행 2025. 8. 26.] [법률 제21032호, 2025. 8. 26., 일부개정]

**개정 예정 법률 밑줄 별도 표시.

양곡관리법

[시행 2025. 8. 26.] [법률 제21032호, 2025. 8. 26., 일부개정]

제1장 총칙 〈개정 2009. 4. 1.〉

제1조(목적) 이 법은 양곡의 효율적인 수급관리와 양곡증권정리기금의 설치 등을 통하여 식량을 안정적으로 확보함으로써 국민경제에 이바지함을 목적으로 한다.

[전문개정 2009. 4. 1.]

<u>제1조(목적) 이 법은 양곡의 효율적인 수급관리와 양곡증권정리기금의 설치 등을 통하여 식량을 안정적으로 확보하고 양곡의 적정한 가격을 유지함으로써 생산자와 소비자의 이익을 보호하며 식량자급률을 제고하고 식량안보 강화 및 농업의 지속가능성 제고를 통하여 국민경제에 이바지함을 목적으로 한다. 〈개정 2025. 8. 26.〉</u>

<u>[전문개정 2009. 4. 1.]</u>

<u>[시행일: 2026. 8. 27.] 제1조</u>

제2조(정의) 이 법에서 사용하는 용어의 뜻은 다음 각 호와 같다. 〈개정 2013. 3. 22.〉

1. "양곡"이란 미곡(米穀)·맥류(麥類), 그 밖에 대통령령으로 정하는 곡류(穀類)·서류(薯類)와 이를 원료로 한 분쇄물(粉碎物)·가루·전분류(澱粉類), 그 밖에 이에 준하는 것으로서 대통령령으로 정하는

것을 말한다.

2. “정부관리양곡”이란 정부가 민간으로부터 매입하거나 외국으로부터 수입하는 등의 방법으로 취득하여 관리하는 양곡을 말한다.

3. “공공비축양곡”이란 양곡부족으로 인한 수급불안과 천재지변 등의 비상시에 대비하기 위하여 정부가 민간으로부터 시장가격에 매입하여 비축하는 미곡과 대통령령으로 정하는 양곡을 말한다.

4. “양곡매매업자”란 양곡의 매매 또는 매매 중개를 업(業)으로 하는 자를 말한다.

5. “양곡가공업자”란 양곡을 원료로 하여 가공하는 것을 업으로 하는 자로서 제19조제1항에 따라 신고한 자를 말한다.

6. “양곡증권”이란 1999년 12월 31일 이전에 종전의 「양곡증권법」(법률 제5662호 양곡증권정리기금법 부칙 제2조로 폐지되기 전의 법률을 말한다. 이하 같다)에 따라 양곡증권정리기금의 부담으로 발행된 양곡증권을 말한다.

7. “부채”란 다음 각 목의 것을 말한다.

가. 양곡증권의 원리금 중 미상환액

나. 1999년 12월 31일 이전에 종전의 「양곡증권법」에 따른 양곡증권정리기금의 부담으로 도입한 차관양곡의 원리금 중 미상환액

다. 제25조제2항제2호에 따른 공공자금관리기금으로부터의 예수금의 원리금 중 미상환액

[전문개정 2009. 4. 1.]

<u>제2조(정의) 이 법에서 사용하는 용어의 뜻은 다음 각 호와 같다. 〈개정 2013. 3. 22., 2025. 8. 26.〉</u>

1. “양곡”이란 미곡(米穀) · 맥류(麥類), 그 밖에 대통령령으로 정하는 곡류(穀類) · 서류(薯類)와 이를 원료로 한 분쇄물(粉碎物) · 가루 · 전분류(澱粉類), 그 밖에 이에 준하는 것으로서 대통령령으로 정하는 것을 말한다.

2. “정부관리양곡”이란 정부가 민간으로부터 매입하거나 외국으로부터 수입하는 등의 방법으로 취득하여 관리하는 양곡을 말한다.

3. “공공비축양곡”이란 양곡부족으로 인한 수급불안과 천재지변 등의 비상시에 대비하기 위하여 정부가 민간으로부터 시장가격에 매입하여 비축하는 미곡 · 밀 · 콩과 대통령령으로 정하는 양곡을 말한다.

4. “양곡매매업자”란 양곡의 매매 또는 매매 중개를 업(業)으로 하는 자를 말한다.

5. “양곡가공업자”란 양곡을 원료로 하여 가공하는 것을 업으로 하는 자로서 제19조제1항에 따라 신고한 자를 말한다.

6. “양곡증권”이란 1999년 12월 31일 이전에 종전의 「양곡증권법」(법률 제5662호 양곡증권정리기금법 부칙 제2조로 폐지되기 전의 법률을 말한다. 이하 같다)에 따라 양곡증권정리기금의 부담으로 발행된 양곡증권을 말한다.

7. “부채”란 다음 각 목의 것을 말한다.

가. 양곡증권의 원리금 중 미상환액

나. 1999년 12월 31일 이전에 종전의 「양곡증권법」에 따른 양곡증권정리기금의 부담으로 도입한 차관양곡의 원리금 중 미상환액

다. 제25조제2항제2호에 따른 공공자금관리기금으로부터의 예수금의 원리금 중 미상환액

[전문개정 2009. 4. 1.]

[시행일: 2026. 8. 27.] 제2조

제2장 양곡의 관리 〈개정 2009. 4. 1.〉

제2장 양곡의 수급관리〈개정 2025. 8. 26.〉[시행일: 2026. 8. 27.]

[시행일: 2026. 8. 27.]

제3조(정부관리양곡의 수급계획 수립) ① 농림축산식품부장관은 매년 정부관리양곡의 수급계획(이하 "양곡수급계획"이라 한다)을 세워야 한다. 〈개정 2013. 3. 23.〉

② 양곡수급계획에는 다음 각 호의 사항이 포함되어야 한다. 〈개정 2013. 3. 22., 2013. 3. 23.〉

1. 정부관리양곡의 수급관리를 위한 기본목표 및 추진방향
2. 정부관리양곡의 수요량 및 공급량
3. 공공비축양곡의 운용에 관한 사항
4. 그 밖에 농림축산식품부장관이 필요하다고 인정하는 사항

③ 농림축산식품부장관은 제1항에 따라 양곡수급계획을 세운 경우 국무회의의 심의를 거친 후 대통령의 승인을 받아 확정한다. 〈개정 2013. 3. 23.〉

④ 농림축산식품부장관은 제3항에 따라 확정된 양곡수급계획을 대통령령으로 정하는 바에 따라 고시하여야 한다. 〈개정 2013. 3. 23.〉

[전문개정 2009. 4. 1.]

제3조(양곡의 수급계획 수립) ① 농림축산식품부장관은 매년 미곡과

대통령령으로 정하는 양곡의 수급계획(이하 "양곡수급계획"이라 한다)을 수립하여야 한다.

② 양곡수급계획에는 다음 각 호의 사항이 포함되어야 한다.

1. 양곡의 수급관리를 위한 기본목표 및 추진방향

2. 양곡의 수요량 및 공급량을 고려한 적정 재배면적과 재배면적 관리 목표

3. 논에서 재배하는 벼 이외의 작물 중 농림축산식품부장관이 정하는 주요 작물(이하 "논타작물"이라 한다)의 적정 재배면적과 재배면적 관리 목표

4. 전년도 양곡수급계획 추진실적에 대한 평가결과

5. 정부관리양곡의 취득 · 판매 등 운용에 관한 사항

6. 그 밖에 농림축산식품부장관이 필요하다고 인정하는 사항

③ 농림축산식품부장관은 제1항에 따라 양곡수급계획을 수립할 때에는 미리 제4조에 따른 양곡수급관리위원회의 심의를 거쳐 그 결과를 반영하여야 한다.

④ 농림축산식품부장관은 제1항에 따라 양곡수급계획을 수립한 때에는 대통령령으로 정하는 바에 따라 고시하고, 지체 없이 국회 소관 상임위원회에 제출하여야 한다.

[본조신설 2025. 8. 26.]

[종전 제3조는 제6조로 이동 〈2025. 8. 26.〉]

[시행일: 2026. 8. 27.] 제3조

제4조(양곡의 매입 및 선금 지급 등) ① 농림축산식품부장관은 양곡수급계획의 운용에 필요한 양곡을 대통령령으로 정하는 생산자 또는

소유자로부터 매입할 수 있다. 〈개정 2013. 3. 23.〉

② 농림축산식품부장관은 제1항에 따른 생산자 또는 소유자와 양곡의 매입약정을 체결하여 양곡을 매입하는 경우에는 「국고금관리법」 제26조에도 불구하고 예산의 범위에서 그 매입약정금액의 일부(이하 "선금"이라 한다)를 미리 지급할 수 있다. 〈개정 2013. 3. 23.〉

③ 제2항에 따라 선금(先金)을 받은 생산자 또는 소유자는 그 약정의 전부 또는 일부의 이행을 원하지 아니하면 이에 상당하는 선금에 약정이자를 더하여 반납하여야 한다.

④ 제2항과 제3항에 따른 선금, 약정이자, 그 밖에 매입약정에 필요한 사항은 대통령령으로 정한다.

[전문개정 2009. 4. 1.]

제4조(양곡수급관리위원회) ① 양곡의 수급안정을 위한 정책 수립과 시행에 관한 중요 사항을 심의하기 위하여 농림축산식품부에 양곡수급관리위원회(이하 "양곡위원회"라 한다)를 둔다.

② 양곡위원회는 다음 각 호의 사항을 심의한다.

1. 양곡수급계획의 수립 및 시행

2. 정부관리양곡의 취득·판매에 관한 사항을 포함한 제6조제1항에 따른 정부양곡수급계획의 수립 및 시행

3. 제8조제1항에 따른 양곡의 매입가격과 매입량

4. 제16조제1항에 따른 양곡수급안정대책의 수립 및 시행

5. 제16조제2항·제3항 및 제16조의2에 따른 미곡에 대한 양곡수급안정대책의 수립 및 시행

6. 제16조의3에 따른 미곡 재배면적의 조정

7. 그 밖에 이 법에서 양곡위원회의 심의를 거치도록 규정한 사항과 양곡의 수급안정에 관하여 농림축산식품부장관이 필요하다고 인정하는 사항

③ 양곡위원회는 위원장 1명을 포함하여 15명 이내의 위원으로 구성하고, 위원장은 농림축산식품부차관이 되며, 위원은 당연직 위원과 위촉직 위원으로 구성한다. 이 경우 위원의 3분의 1 이상은 양곡 수급과 관련이 있는 생산자단체의 대표로 구성한다.

④ 그 밖에 양곡위원회의 구성 및 운영 등에 필요한 사항은 대통령령으로 정한다.

[본조신설 2025. 8. 26.]

[종전 제4조는 제7조로 이동 〈2025. 8. 26.〉]

[시행일: 2026. 8. 27.] 제4조

제5조(양곡 매입가격 등의 결정) ① 농림축산식품부장관은 제4조제1항에 따라 양곡을 매입할 때에는 그 매입가격과 매입량을 국무회의의 심의를 거친 후 대통령의 승인을 받아 결정한다. 〈개정 2013. 3. 23.〉

② 농림축산식품부장관이 제4조제1항에 따라 소유자로부터 양곡을 매입하는 경우 그 양곡의 매입가격은 소유자가 매입한 양곡의 가격에 농림축산식품부령으로 정하는 부대비용을 합한 금액으로 한다. 〈개정 2013. 3. 23.〉

[전문개정 2009. 4. 1.]

제5조(양곡의 재배면적 관리를 위한 지원) ① 농림축산식품부장관은 양곡수급계획의 이행을 위하여 필요한 경우 「농업·농촌 공익기능

증진 직접지불제도 운영에 관한 법률」 제21조에 따른 선택직접지불제도를 활용할 수 있다.

② 농림축산식품부장관은 제1항에 따른 선택직접지불제도의 활용 외에 생산단지 조성, 시설장비 지원, 판로 지원 등의 시책을 추진할 수 있고, 해당 시책의 추진을 위하여 「농업·농촌 및 식품산업 기본법」 제3조제2호에 따른 농업인 등에 대하여 재정적 지원을 할 수 있다.

③ 농림축산식품부장관은 제3조제2항제3호에 따른 논타작물의 적정 재배면적 및 재배면적 관리 목표를 달성하기 위하여 농업인 등이 논타작물 재배로 전환하거나 논타작물 재배를 지속할 수 있도록 충분한 재정적 지원을 위하여 노력하여야 한다.

[본조신설 2025. 8. 26.]

[종전 제5조는 제8조로 이동 〈2025. 8. 26.〉]

[시행일: 2026. 8. 27.] 제5조

제5조의2(미곡수급관리시스템 구축·운영) ① 농림축산식품부장관은 미곡의 효율적인 수급관리를 위하여 미곡의 생산·수요·재고 등 수급과 관련된 통계와 관측자료 등을 체계적으로 수집·분석·관리하기 위한 미곡수급관리시스템을 구축·운영할 수 있다.

② 농림축산식품부장관은 제1항에 따른 미곡수급관리시스템의 구축·운영을 위하여 관계 행정기관, 관련 기관 또는 단체에 대하여 필요한 자료의 제출을 요청할 수 있다. 이 경우 자료의 제출을 요청받은 관계 행정기관, 관련 기관 또는 단체는 특별한 사유가 없으면 이에 따라야 한다.

③ 농림축산식품부장관은 제1항에 따른 미곡수급관리시스템의 구

축·운영을 대통령령으로 정하는 전문기관에 위탁할 수 있다.

④ 제1항에 따른 미곡수급관리시스템의 구축·운영에 필요한 사항은 농림축산식품부령으로 정한다.

[본조신설 2025. 8. 26.]

[시행일: 2026. 8. 27.] 제5조의2

제6조 삭제 〈2005. 3. 31.〉

제6조(정부관리양곡의 수급계획 수립) ① 농림축산식품부장관은 매년 정부관리양곡의 수급계획(이하 "정부양곡수급계획"이라 한다)을 수립하여야 한다. 〈개정 2013. 3. 23., 2025. 8. 26.〉

② 정부양곡수급계획에는 다음 각 호의 사항이 포함되어야 한다. 〈개정 2013. 3. 22., 2013. 3. 23., 2025. 8. 26.〉

1. 정부관리양곡의 수급관리를 위한 기본목표 및 추진방향
2. 정부관리양곡의 수요량 및 공급량
3. 정부관리양곡의 적정 재고량 관리에 관한 사항
4. 공공비축양곡의 운용에 관한 사항
5. 그 밖에 농림축산식품부장관이 필요하다고 인정하는 사항

③ 농림축산식품부장관은 제1항에 따라 정부양곡수급계획을 수립한 경우 양곡위원회의 심의를 거친 후 국무회의의 심의를 거쳐 대통령의 승인을 받아 확정한다. 〈개정 2013. 3. 23., 2025. 8. 26.〉

④ 농림축산식품부장관은 제3항에 따라 확정된 정부양곡수급계획을 대통령령으로 정하는 바에 따라 고시하고, 지체 없이 국회 소관 상임위원회에 제출하여야 한다. 〈개정 2013. 3. 23., 2025. 8. 26.〉

[전문개정 2009. 4. 1.]

[제3조에서 이동 〈2025. 8. 26.〉]

[시행일: 2026. 8. 27.] 제6조

제7조 삭제 〈2005. 3. 31.〉

제7조(양곡의 매입 및 선금 지급 등) ① 농림축산식품부장관은 정부양곡수급계획의 운용에 필요한 양곡을 대통령령으로 정하는 생산자 또는 소유자로부터 매입할 수 있다. 〈개정 2013. 3. 23., 2025. 8. 26.〉

② 농림축산식품부장관은 제1항에 따른 생산자 또는 소유자와 양곡의 매입약정을 체결하여 양곡을 매입하는 경우에는 「국고금관리법」 제26조에도 불구하고 예산의 범위에서 그 매입약정금액의 일부(이하 "선금"이라 한다)를 미리 지급할 수 있다. 〈개정 2013. 3. 23.〉

③ 제2항에 따라 선금(先金)을 받은 생산자 또는 소유자는 그 약정의 전부 또는 일부의 이행을 원하지 아니하면 이에 상당하는 선금에 약정이자를 더하여 반납하여야 한다.

④ 제2항과 제3항에 따른 선금, 약정이자, 그 밖에 매입약정에 필요한 사항은 대통령령으로 정한다.

[전문개정 2009. 4. 1.]

[제4조에서 이동 〈2025. 8. 26.〉]

[시행일: 2026. 8. 27.] 제7조

제8조 삭제 〈2005. 3. 31.〉

제8조(양곡 매입가격 등의 결정) ① 농림축산식품부장관은 제7조제1항에 따라 양곡을 매입할 때에는 그 매입가격과 매입량을 양곡위원회의 심의를 거친 후 국무회의의 심의를 거쳐 대통령의 승인을 받아 결정한다. 〈개정 2013. 3. 23., 2025. 8. 26.〉

② 농림축산식품부장관이 제7조제1항에 따라 소유자로부터 양곡을 매입하는 경우 그 양곡의 매입가격은 소유자가 매입한 양곡의 가격에 농림축산식품부령으로 정하는 부대비용을 합한 금액으로 한다. 〈개정 2013. 3. 23., 2025. 8. 26.〉

[전문개정 2009. 4. 1.]

[제5조에서 이동 〈2025. 8. 26.〉]

[시행일: 2026. 8. 27.] 제8조

제9조(정부관리양곡의 판매) ① 농림축산식품부장관은 정부관리양곡을 다음 각 호의 용도에 따라 판매한다. 이 경우 농림축산식품부장관은 대통령령으로 정하는 용도에 대하여는 그 대금을 받기 전에도 양곡을 매수인에게 인도(引渡)할 수 있다. 〈개정 2013. 3. 23.〉

1. 국가기관용
2. 가공용
3. 공공용
4. 일반판매용
5. 그 밖에 대통령령으로 정하는 용도

② 제1항에 따른 정부관리양곡의 판매가격은 농림축산식품부장관이 정한다. 〈개정 2013. 3. 23.〉

③ 농림축산식품부장관은 정부관리양곡의 유통을 원활하게 하기 위하여 필요하면 제2항에도 불구하고 가공용 또는 일반판매용으로 판매하는 정부관리양곡을 공개입찰하는 방법으로 판매할 수 있다. 〈개정 2013. 3. 23.〉

④ 농림축산식품부장관은 정부관리양곡을 용도에 따라 매입할 수

있는 자의 시설 등 자격기준을 정할 수 있고, 양곡의 용도를 지정하여 판매할 수 있으며, 지정된 용도 외의 사용·처분을 제한할 수 있다. 〈개정 2013. 3. 23.〉

⑤ 제4항에 따른 용도에 따라 매입할 수 있는 자의 자격기준 및 용도지정, 그 밖에 필요한 사항은 농림축산식품부령으로 정한다. 〈개정 2013. 3. 23.〉

[전문개정 2009. 4. 1.]

제9조의2(정부관리양곡의 매입자격 제한) 농림축산식품부장관은 제9조제1항에 따라 판매한 정부관리양곡을 매입한 자가 다음 각 호의 어느 하나에 해당하면 농림축산식품부령으로 정하는 바에 따라 1년 이내의 기간을 정하여 정부관리양곡의 매입자격을 제한할 수 있다. 다만, 제1호에 해당하면 매입자격을 제한하여야 한다. 〈개정 2011. 7. 21., 2013. 3. 23., 2015. 1. 6., 2021. 11. 30.〉

1. 거짓이나 그 밖의 부정한 방법으로 제9조제4항에 따른 자격기준을 갖춘 경우

2. 제9조제4항에 따라 농림축산식품부장관이 지정한 용도 외의 용도로 양곡을 사용·처분한 경우

3. 해당 양곡에 대하여 제20조의2제1항에 따른 생산연도·품질 등의 표시를 위반하거나 제20조의3제1항을 위반하여 거짓·과대의 표시 또는 거짓·과대의 광고를 하였거나 제20조의4제2항을 위반하여 미곡등을 혼합하여 유통하거나 판매한 경우

4. 해당 양곡에 대하여 「농수산물의 원산지 표시 등에 관한 법률」 제5조제1항 또는 제3항에 따른 원산지의 표시의무를 위반하거나 같

은 법 제6조제1항 각 호 또는 제2항 각 호의 어느 하나에 해당한 경우

4의2. 해당 양곡에 대하여 「농수산물 품질관리법」 제56조제1항에 따른 유전자변형농수산물의 표시의무를 위반하거나 같은 법 제57조 각 호의 어느 하나에 해당한 경우

5. 그 밖에 양곡관리대장 비치 등 양곡 유통질서의 확립을 위하여 농림축산식품부령으로 정하는 사항을 지키지 아니한 경우

[전문개정 2009. 4. 1.]

제9조의3(정부관리양곡 보관 실태점검 등) ① 농림축산식품부장관은 정부관리양곡 보관시설(이하 이 조에서 "보관시설"이라 한다)에 대하여 농림축산식품부령으로 정하는 바에 따라 그 보관 실태를 점검하여야 한다.

② 농림축산식품부장관은 제1항에 따른 실태점검을 실시하기 위하여 필요한 경우 보관시설을 관리하는 자에게 관련 자료의 제출을 요구할 수 있다. 이 경우 자료제출 요구를 받은 자는 특별한 사유가 없으면 이에 따라야 한다.

③ 농림축산식품부장관은 필요한 경우 농림축산식품부령으로 정하는 바에 따라 실태점검 결과를 공표할 수 있다.

[본조신설 2025. 8. 26.]

[시행일: 2026. 8. 27.] 제9조의3

제9조의4(정부관리양곡 종합관리시스템 구축·운영) ① 농림축산식품부장관은 정부관리양곡의 취득·보관·가공·공급 등 정부관리양곡을 종합적으로 관리·운용하기 위한 정부관리양곡 종합관리시스템

을 구축·운영할 수 있다.

② 농림축산식품부장관은 제1항에 따른 정부관리양곡 종합관리시스템의 관리·운영을 위하여 제29조에 따라 정부관리양곡의 관리 업무를 위임 또는 위탁받은 자 등에게 필요한 자료의 제출이나 정보의 제공을 요청할 수 있다. 이 경우 자료의 제출이나 정보의 제공을 요청받은 자는 특별한 사유가 없으면 이에 따라야 한다.

③ 제1항에 따른 정부관리양곡 종합관리시스템의 구축·운영에 필요한 사항은 농림축산식품부령으로 정한다.

[본조신설 2025. 8. 26.]

[시행일: 2026. 8. 27.] 제9조의4

제10조(공공비축양곡의 비축·운용) ① 농림축산식품부장관은 국민식량을 안정적으로 확보하기 위하여 공공비축양곡을 비축·운용하여야 한다. 〈개정 2013. 3. 22., 2013. 3. 23.〉

② 농림축산식품부장관은 공공비축양곡을 비축·운용할 때 「세계무역기구 설립을 위한 마라케쉬협정」에 따른 국내보조 감축약속 면제 기준을 충족하여야 한다. 〈개정 2013. 3. 22., 2013. 3. 23.〉

③ 공공비축양곡의 매입·판매가격은 매입·판매지역의 당시 시장가격으로 한다. 〈개정 2013. 3. 22.〉

④ 제1항과 제3항에 따른 공공비축양곡의 비축·운용, 시장가격의 기준 등에 필요한 사항은 대통령령으로 정한다. 〈개정 2013. 3. 22.〉

[전문개정 2009. 4. 1.]

[제목개정 2013. 3. 22.]

제10조(공공비축양곡의 비축·운용) ① 농림축산식품부장관은 국민식

량을 안정적으로 확보하기 위하여 공공비축양곡을 비축·운용하여야 하고 공공비축양곡의 비축물량은 식량자급률 목표 등을 고려하여 관리하여야 한다. 〈개정 2013. 3. 22., 2013. 3. 23., 2025. 8. 26.〉

② 농림축산식품부장관은 공공비축양곡을 비축·운용할 때 「세계무역기구 설립을 위한 마라케쉬협정」에 따른 국내보조 감축약속 면제 기준을 충족하여야 한다. 〈개정 2013. 3. 22., 2013. 3. 23.〉

③ 공공비축양곡의 매입·판매가격은 매입·판매지역의 당시 시장가격으로 한다. 〈개정 2013. 3. 22.〉

④ 제1항과 제3항에 따른 공공비축양곡의 비축·운용, 시장가격의 기준 등에 필요한 사항은 대통령령으로 정한다. 〈개정 2013. 3. 22.〉

[전문개정 2009. 4. 1.]

[제목개정 2013. 3. 22.]

[시행일: 2026. 8. 27.] 제10조

제11조(양곡의 수출입) 농림축산식품부장관은 양곡의 수급조절을 위하여 필요하다고 인정하면 양곡을 수입하거나 수출할 수 있다. 〈개정 2013. 3. 23.〉

[전문개정 2009. 4. 1.]

제12조(미곡 등의 수입허가 등) ① 「세계무역기구 설립을 위한 마라케쉬협정」에 따른 대한민국 양허표의 시장접근물량에 적용되는 양허세율(이하 "양허세율"이라 한다)로 미곡이나 이를 원료로 한 분쇄물·가루, 그 밖에 이에 준하는 것으로서 대통령령으로 정하는 양곡(이하 "허가대상미곡등"이라 한다)을 수입하려는 자는 대통령령으로 정하는 바에 따라 허가대상미곡등의 용도 등을 밝혀 농림축산식품부

장관의 허가를 받아야 한다. 〈개정 2013. 3. 23.〉

② 양허세율로 허가대상미곡등이 아닌 양곡을 수입하거나 농림축산식품부령으로 정하는 양곡을 수출하려는 자는 농림축산식품부장관의 추천을 받아야 한다. 〈개정 2013. 3. 23.〉

③ 농림축산식품부장관은 제2항에 따른 양곡의 수출 또는 수입에 대한 추천업무를 농림축산식품부장관이 지정하는 비영리법인에 대행하게 할 수 있다. 이 경우 품목별 추천물량 및 추천기준, 그 밖에 필요한 사항은 농림축산식품부장관이 정한다. 〈개정 2013. 3. 23.〉

④ 관계 중앙행정기관의 장이 외국의 원조기관 또는 외국의 민간원조단체가 제공하는 허가 또는 추천대상인 양곡의 수입을 관계법령에 따라 인정하려면 미리 농림축산식품부장관과 협의하여야 하며, 그 협의를 거쳐 수입을 인정하는 경우에는 제1항 또는 제2항에 따른 허가 또는 추천을 받은 것으로 본다. 〈개정 2013. 3. 23.〉

[전문개정 2009. 4. 1.]

제13조(수입양곡의 관리 등) 농림축산식품부장관은 양곡의 수급조절과 수입양곡의 관리를 위하여 특히 필요하다고 인정하면 제12조제1항 또는 제2항에 따른 허가 또는 추천을 받거나 「관세법」 제71조에 따른 할당관세를 적용받아 양곡을 수입하는 자 또는 수입된 그 양곡을 판매하거나 가공하는 자에게 다음 각 호의 사항을 명할 수 있다. 다만, 제1호의 사항은 제13조의2에 따른 수입이익금의 부과·징수 대상자에게만 명할 수 있다. 〈개정 2013. 3. 23.〉

1. 수입양곡의 판매가격·방법 및 시기

2. 수입양곡의 용도제한

3. 수입양곡의 사용량 및 재고량에 관한 보고

[전문개정 2009. 4. 1.]

제13조(수입양곡의 관리 등) ① 농림축산식품부장관은 양곡의 수급 조절과 수입양곡의 관리를 위하여 특히 필요하다고 인정하면 제12조제1항 또는 제2항에 따른 허가 또는 추천을 받거나 「관세법」 제71조에 따른 할당관세를 적용받아 양곡을 수입하는 자 또는 수입된 그 양곡을 판매하거나 가공하는 자에게 다음 각 호의 사항을 명할 수 있다. 다만, 제1호의 사항은 제13조의2에 따른 수입이익금의 부과·징수 대상자에게만 명할 수 있다. 〈개정 2013. 3. 23., 2025. 8. 26.〉

1. 수입양곡의 판매가격·방법 및 시기
2. 수입양곡의 용도제한
3. 수입양곡의 사용량 및 재고량에 관한 보고

② 농림축산식품부장관은 제12조제1항에 따라 수입된 허가대상미곡등의 국내 유통 등에 관하여 매년 실태조사를 실시하고, 국내외 시장 상황 등을 고려하여 관리대책을 수립·시행하여야 한다. 〈신설 2025. 8. 26.〉

[전문개정 2009. 4. 1.]

[시행일: 2026. 8. 27.] 제13조

제13조의2(수입이익금의 징수 등) ① 농림축산식품부장관은 제12조제1항 또는 제2항에 따른 허가 또는 추천을 받아 양곡을 수입하는 자 중 농림축산식품부령으로 정하는 품목을 수입하는 자에 대하여 농림축산식품부령으로 정하는 바에 따라 국내가격과 수입가격의 차

액의 범위에서 수입이익금을 부과·징수할 수 있다. 〈개정 2013. 3. 23.〉

② 제1항에 따른 수입이익금은 농림축산식품부령으로 정하는 바에 따라 「정부기업예산법」 제3조제3호에 따른 양곡관리특별회계, 「농업·농촌 공익기능 증진 직접지불제도 운영에 관한 법률」 제25조에 따른 농업·농촌 공익기능 증진 직접지불기금 또는 「농수산물 유통 및 가격안정에 관한 법률」 제54조에 따른 농산물가격안정기금에 납입하여야 한다. 〈개정 2012. 1. 26., 2013. 3. 23., 2019. 12. 31.〉

③ 제1항에 따라 수입이익금을 낼 의무가 있는 자가 기한까지 내지 아니하면 국세 체납처분의 예에 따라 징수할 수 있다.

④ 농림축산식품부장관은 제1항에 따라 수입이익금을 낼 의무가 있는 자에게 다음 각 호의 어느 하나에 해당하는 사유가 있으면 결손처분을 할 수 있다. 다만, 제1호 및 제3호의 경우에 결손처분을 한 후 압류할 수 있는 재산을 발견한 경우에는 지체 없이 그 처분을 취소하고 국세 체납처분의 예에 따라 징수하여야 한다. 〈개정 2013. 3. 23.〉

1. 제3항에 따른 체납처분이 종결되고 체납액에 충당된 배분금액이 그 체납액보다 적은 경우

2. 수입이익금 징수채권에 대한 소멸시효가 완성된 경우

3. 체납자의 사망 또는 행방불명 등 대통령령으로 정하는 바에 따라 징수할 가능성이 없다고 인정되는 경우

[전문개정 2009. 4. 1.]

제14조 삭제 〈1999. 1. 21.〉

제15조 삭제 〈1999. 1. 21.〉

제16조(가격안정을 위한 양곡의 수급 관리) ① 농림축산식품부장관은 양곡의 가격안정을 위하여 필요한 경우에는 다음 각 호의 사항을 포함한 양곡수급안정대책을 수립·시행할 수 있다. 〈신설 2020. 1. 29.〉

1. 양곡의 공급량 및 수요량 추정
2. 가격 안정을 위한 양곡의 매입 또는 판매 계획

② 농림축산식품부장관은 미곡의 경우 기획재정부장관 및 「농업·농촌 및 식품산업 기본법」 제3조제4호에 따른 생산자단체의 대표 등(이하 "생산자단체대표등"이라 한다)과 협의하여 매년 10월 15일까지 제1항에 따른 수급안정대책을 수립·공표하여야 한다. 다만, 기상 여건의 급격한 변화 등으로 해당 연도 생산량 예측이 어려운 경우에는 그 기한을 연장할 수 있다. 〈신설 2020. 1. 29.〉

③ 농림축산식품부장관은 제1항의 양곡수급안정대책의 운용 또는 양곡의 출하(出荷) 및 가격을 조절하기 위하여 필요하다고 인정하면 농업협동조합이나 그 밖에 대통령령으로 정하는 자(이하 "농업협동조합등"이라 한다)에게 양곡을 매입하고 판매하게 할 수 있다. 〈개정 2013. 3. 23., 2020. 1. 29.〉

④ 제3항에 따라 미곡을 매입하는 경우 그 물량은 해당 연도에 생산되는 미곡에 대한 수요량을 초과하는 생산량을 기준으로 산정하여야 한다. 다만, 미곡 가격이 급격하게 변동되거나 변동이 예상되는 경우 등 대통령령으로 정하는 경우에는 수요량을 초과하는 생산

량 이상 또는 이하를 매입하게 할 수 있다. 〈신설 2020. 1. 29.〉

⑤ 제1항 및 제4항에 따른 양곡의 생산량 및 수요량 추정의 방식, 매입·판매 물량의 산정, 매입·판매의 시기·절차, 매입물량의 보관 등 매입 또는 판매에 필요한 사항과 생산자단체대표등과의 협의기구 구성·운영 및 협의 절차에 관련된 사항은 농림축산식품부장관이 정한다. 〈신설 2020. 1. 29.〉

⑥ 농림축산식품부장관은 제3항에 따라 양곡을 매입하는 농업협동조합등에게 예산의 범위에서 매입에 소요되는 비용을 융자 또는 보조 등 지원할 수 있다. 〈신설 2020. 1. 29., 2025. 8. 26.〉

⑦ 농림축산식품부장관은 제3항에 따라 농업협동조합등에게 양곡을 매입하게 하는 경우에는 제4조제2항부터 제4항까지에 규정된 예에 따라 매입약정 체결 및 선금 지급 등을 하게 할 수 있다. 〈개정 2013. 3. 23., 2020. 1. 29.〉

⑧ 농림축산식품부장관은 제3항에 따라 농업협동조합등에게 양곡을 매입하게 하는 경우 다음 각 호의 사항을 지체 없이 국회 소관 상임위원회에 제출하여야 한다. 〈신설 2025. 8. 26.〉

1. 매입가격 및 매입규모 등

2. 제6항에 따른 농업협동조합등에 대한 지원 규모 및 세부내역(원금, 이자, 보관료 및 보관 이자를 포함한다)

3. 제6항에 따른 농업협동조합등에 대한 지원 방법 및 기간

[전문개정 2009. 4. 1.]

[제목개정 2020. 1. 29.]

<u>제16조(가격안정을 위한 양곡의 수급 관리) ① 농림축산식품부장관</u>

은 양곡의 가격안정을 위하여 필요한 경우에는 다음 각 호의 사항을 포함한 양곡수급안정대책을 수립·시행할 수 있다. 〈신설 2020. 1. 29.〉

1. 양곡의 공급량 및 수요량 추정

2. 가격 안정을 위한 양곡의 매입 또는 판매 계획

② 농림축산식품부장관은 미곡의 경우 기획예산처장관 및 「농업·농촌 및 식품산업 기본법」 제3조제4호에 따른 생산자단체의 대표 등(이하 "생산자단체대표등"이라 한다)과 협의하여 매년 10월 15일까지 제1항에 따른 수급안정대책을 수립·공표하여야 한다. 다만, 기상 여건의 급격한 변화 등으로 해당 연도 생산량 예측이 어려운 경우에는 그 기한을 연장할 수 있다. 〈신설 2020. 1. 29., 2025. 10. 1.〉

③ 농림축산식품부장관은 제1항의 양곡수급안정대책의 운용 또는 양곡의 출하(出荷) 및 가격을 조절하기 위하여 필요하다고 인정하면 농업협동조합이나 그 밖에 대통령령으로 정하는 자(이하 "농업협동조합등"이라 한다)에게 양곡을 매입하고 판매하게 할 수 있다. 〈개정 2013. 3. 23., 2020. 1. 29.〉

④ 제3항에 따라 미곡을 매입하는 경우 그 물량은 해당 연도에 생산되는 미곡에 대한 수요량을 초과하는 생산량을 기준으로 산정하여야 한다. 다만, 미곡 가격이 급격하게 변동되거나 변동이 예상되는 경우 등 대통령령으로 정하는 경우에는 수요량을 초과하는 생산량 이상 또는 이하를 매입하게 할 수 있다. 〈신설 2020. 1. 29.〉

⑤ 제1항 및 제4항에 따른 양곡의 생산량 및 수요량 추정의 방

식, 매입·판매 물량의 산정, 매입·판매의 시기·절차, 매입물량의 보관 등 매입 또는 판매에 필요한 사항과 생산자단체대표등과의 협의기구 구성·운영 및 협의 절차에 관련된 사항은 농림축산식품부장관이 정한다. 〈신설 2020. 1. 29.〉

⑥ 농림축산식품부장관은 제3항에 따라 양곡을 매입하는 농업협동조합등에게 예산의 범위에서 매입에 소요되는 비용을 융자 또는 보조 등 지원할 수 있다. 〈신설 2020. 1. 29., 2025. 8. 26.〉

⑦ 농림축산식품부장관은 제3항에 따라 농업협동조합등에게 양곡을 매입하게 하는 경우에는 제4조제2항부터 제4항까지에 규정된 예에 따라 매입약정 체결 및 선금 지급 등을 하게 할 수 있다. 〈개정 2013. 3. 23., 2020. 1. 29.〉

⑧ 농림축산식품부장관은 제3항에 따라 농업협동조합등에게 양곡을 매입하게 하는 경우 다음 각 호의 사항을 지체 없이 국회 소관 상임위원회에 제출하여야 한다. 〈신설 2025. 8. 26.〉

1. 매입가격 및 매입규모 등

2. 제6항에 따른 농업협동조합등에 대한 지원 규모 및 세부내역(원금, 이자, 보관료 및 보관 이자를 포함한다)

3. 제6항에 따른 농업협동조합등에 대한 지원 방법 및 기간

[전문개정 2009. 4. 1.]

[제목개정 2020. 1. 29.]

[시행일: 2026. 1. 2.] 제16조

제16조의2(가격안정을 위한 미곡 재배면적 관리) 농림축산식품부장관은 제16조제3항에 따라 미곡을 매입한 경우에는 대통령령으로 정

하는 바에 따라 생산자단체대표등과 협의하여 미곡을 재배하고 「농업소득의 보전에 관한 법률」 제8조에 따라 농업소득보전직접지불금의 지급대상자로 등록하는 자에게 미곡 재배면적을 조정하게 할 수 있다.

[본조신설 2020. 1. 29.]

제16조의2(수급불안 시 미곡의 수급 관리) ① 농림축산식품부장관은 양곡수급계획의 수립·시행에도 불구하고 제16조제1항제1호에 따른 미곡의 공급량 및 수요량 추정 결과 다음 각 호의 상황이 발생하는 경우에는 양곡위원회가 미곡의 가격 및 수급상황 등을 고려하여 심의한 결과에 따라 미곡에 대하여 매입 등을 포함한 제16조제1항에 따른 양곡수급안정대책을 수립·시행하여야 한다.

1. 대통령령으로 정하는 범위에서 양곡위원회가 심의를 거쳐 정하는 기준 이상으로 미곡의 생산량이 수요량을 초과하거나 초과할 것으로 예상되는 경우

2. 대통령령으로 정하는 범위에서 양곡위원회가 심의를 거쳐 정하는 기준 이상으로 미곡 가격이 하락하거나 하락할 것으로 예상되는 경우

② 제1항에 따른 양곡수급안정대책의 운용에 관하여는 제16조제3항부터 제8항까지를 준용한다.

[본조신설 2025. 8. 26.]

[종전 제16조의2는 제16조의3으로 이동 〈2025. 8. 26.〉]

[시행일: 2026. 8. 27.] 제16조의2

제16조의3(가격안정을 위한 미곡 재배면적 관리) ① 농림축산식품부

장관은 제16조제3항에 따라 미곡을 매입한 경우에는 대통령령으로 정하는 바에 따라 「농업·농촌 및 식품산업 기본법」 제3조제4호에 따른 생산자단체의 대표 등과 협의하여 미곡을 재배하고 「농업·농촌 공익기능 증진 직접지불제도 운영에 관한 법률」 제15조에 따른 기본직접지불금의 지급대상자로 등록하는 자에게 양곡위원회의 심의를 거쳐 미곡 재배면적을 조정하게 할 수 있다. 〈개정 2025. 8. 26.〉

② 농림축산식품부장관은 제1항에 따라 미곡의 재배면적을 조정하게 하는 경우 재배면적 조정대상자에게 보조금의 지급 등 필요한 지원을 충분히 하여야 한다. 〈신설 2025. 8. 26.〉

[본조신설 2020. 1. 29.]

[제16조의2에서 이동 〈2025. 8. 26.〉]

[시행일: 2026. 8. 27.] 제16조의3

제16조의4(미곡의 가격안정을 위한 선제적 수급조절) 농림축산식품부장관은 해당 연도 미곡의 예상 생산량을 추정하여 미곡 공급량을 선제적으로 조절하기 위하여 필요하다고 인정하는 경우에는 다음 각 호의 사업을 지원할 수 있다.

1. 농업협동조합등에게 해당 연도에 생산된 미곡을 매입하고 판매하게 하는 사업

2. 제1호에 따라 미곡을 매입하는 농업협동조합등에게 판매 손실을 보전하는 사업

3. 농업협동조합등과 미곡 생산자 간의 수급조절용 계약재배 사업

[본조신설 2025. 8. 26.]

[시행일: 2026. 8. 27.] 제16조의4

제17조 삭제 〈1999. 1. 21.〉

제17조(농협등보관양곡의 보고) ① 농업협동조합등은 농림축산식품부장관이 제16조제3항에 따라 농업협동조합등에게 양곡을 매입하고 판매하게 할 수 있도록 보관하고 있는 양곡(이하 이 조에서 "농협등보관양곡"이라 한다)의 종류 및 재고량을 분기마다 농림축산식품부장관에게 보고하여야 한다.

② 농협등보관양곡의 종류 및 재고량에 대한 보고의 방법 및 절차 등에 필요한 사항은 농림축산식품부령으로 정한다.

[본조신설 2025. 8. 26.]

[시행일: 2026. 8. 27.] 제17조

제18조 삭제 〈1999. 1. 21.〉

제19조(양곡가공업의 신고) ① 대통령령으로 정하는 양곡가공업을 하려는 자는 농림축산식품부령으로 정하는 시설을 갖추어 특별자치시장·특별자치도지사·시장·군수 또는 구청장(자치구의 구청장을 말한다. 이하 같다)에게 신고하여야 한다. 신고한 사항 중 대통령령으로 정하는 사항을 변경하려는 경우에도 또한 같다. 〈개정 2013. 3. 23., 2017. 3. 21.〉

② 특별자치시장·특별자치도지사·시장·군수 또는 구청장은 제1항에 따른 신고 또는 변경신고를 받은 날부터 다음 각 호로 정하는 기간 내에 신고수리 여부를 신고인에게 통지하여야 한다. 〈신설 2017. 3. 21.〉

1. 신고: 14일

2. 변경신고: 3일(가공능력 변경신고는 14일)

③ 특별자치시장·특별자치도지사·시장·군수 또는 구청장이 제2항에서 정한 기간 내에 신고수리 여부 또는 민원 처리 관련 법령에 따른 처리기간의 연장 여부를 신고인에게 통지하지 아니하면 그 기간이 끝난 날의 다음 날에 신고를 수리한 것으로 본다. 〈신설 2017. 3. 21.〉

④ 제1항에도 불구하고 「주류 면허 등에 관한 법률」에 따른 제조면허 또는 「식품위생법」에 따른 영업허가를 받은 자가 대통령령으로 정하는 양곡가공업을 할 경우에는 제1항에 따른 신고를 한 것으로 본다. 〈개정 2017. 3. 21., 2020. 12. 29.〉

⑤ 제1항에 따라 신고한 자는 휴업 또는 폐업을 하려면 농림축산식품부령으로 정하는 바에 따라 특별자치시장·특별자치도지사·시장·군수 또는 구청장에게 신고하여야 한다. 〈개정 2013. 3. 23., 2017. 3. 21.〉

⑥ 제5항에 따른 신고가 신고서의 기재사항에 흠이 없고, 법령 등에 규정된 형식상의 요건을 충족하는 경우에는 신고서가 접수기관에 도달된 때에 신고 의무가 이행된 것으로 본다. 〈신설 2017. 3. 21.〉

⑦ 제1항 및 제5항에 따른 신고의 방법 및 절차 등에 필요한 사항은 농림축산식품부령으로 정한다. 〈개정 2013. 3. 23., 2017. 3. 21.〉

[전문개정 2009. 4. 1.]

제19조의2(양곡가공업의 승계) ① 다음 각 호의 어느 하나에 해당하는 자는 종전의 양곡가공업을 신고한 자의 지위를 승계한다.

1. 양곡가공업을 신고한 자가 그 영업을 양도한 경우 그 양수인
2. 양곡가공업을 신고한 자가 사망한 경우 그 상속인

3. 법인이 합병한 경우 합병 후 존속하는 법인이나 합병으로 설립되는 법인

② 다음 각 호의 어느 하나에 해당하는 절차에 따라 영업시설·설비의 전부를 인수한 자는 이 법에 따른 종전의 양곡가공업을 신고한 자의 지위를 승계한다.

1. 「민사집행법」에 따른 경매

2. 「채무자 회생 및 파산에 관한 법률」에 따른 양도

3. 「국세징수법」, 「관세법」 또는 「지방세법」에 따른 압류재산의 매각

4. 그 밖에 제1호부터 제3호까지의 규정에 준하는 절차

③ 제1항 또는 제2항에 따라 종전의 양곡가공업을 신고한 자의 지위를 승계한 자는 1개월 이내에 농림축산식품부령으로 정하는 바에 따라 특별자치시장·특별자치도지사·시장·군수 또는 구청장에게 승계 사실을 신고하여야 한다. 〈개정 2013. 3. 23., 2017. 3. 21.〉

④ 특별자치시장·특별자치도지사·시장·군수 또는 구청장은 제3항에 따른 신고를 받은 날부터 3일 이내에 신고수리 여부를 신고인에게 통지하여야 한다. 〈신설 2017. 3. 21.〉

⑤ 특별자치시장·특별자치도지사·시장·군수 또는 구청장이 제4항에서 정한 기간 내에 신고수리 여부 또는 민원 처리 관련 법령에 따른 처리기간의 연장 여부를 신고인에게 통지하지 아니하면 그 기간이 끝난 날의 다음 날에 신고를 수리한 것으로 본다. 〈신설 2017. 3. 21.〉

[본조신설 2009. 4. 1.]

제20조(양곡가공업자에 대한 명령) 농림축산식품부장관은 양곡의 가공방법 개선, 가공생산품의 품질보장 및 원활한 유통을 위하여 필요하다고 인정하면 주무부장관과의 협의를 거쳐 양곡가공업자에 대하여 기간과 지역을 정하여 대통령령으로 정하는 바에 따라 다음 각 호의 사항을 명할 수 있다. 〈개정 2013. 3. 23.〉

1. 가공시설의 개선
2. 가공수율(加工收率) · 가공방법 및 가공생산품 규격의 제한
3. 포장규격 · 포장자재 및 포장방법의 제한
4. 가공생산품에 대한 가공 표지 첨부

[전문개정 2009. 4. 1.]

제20조의2(생산연도 · 품질 등의 표시) ① 양곡가공업자나 양곡매매업자가 양곡을 판매하려면 그 양곡의 생산연도 · 품질 등 농림축산식품부령으로 정하는 사항을 포장 · 용기 등에 표시하여야 한다. 〈개정 2013. 3. 23.〉

② 제1항에 따른 표시사항의 표시방법 등에 필요한 사항은 농림축산식품부령으로 정한다. 〈개정 2013. 3. 23.〉

[전문개정 2009. 4. 1.]

제20조의3(거짓표시 등의 금지) ① 양곡가공업자나 양곡매매업자는 양곡의 생산연도 · 품질 등에 관하여 다음 각 호의 어느 하나에 해당하는 표시 또는 광고를 하여서는 아니 된다.

1. 사실과 다르거나 과장된 표시 · 광고
2. 소비자를 기만하거나 오인 · 혼동시킬 우려가 있는 표시 · 광고

② 제1항에 따른 거짓 · 과대의 표시 및 거짓 · 과대의 광고의 범

위 등에 필요한 사항은 농림축산식품부령으로 정한다. 〈개정 2013. 3. 23.〉

[전문개정 2009. 4. 1.]

제20조의4(양곡의 혼합 금지) ① 농림축산식품부장관은 정부관리양곡 및 공공비축양곡 중 국산 미곡과 수입 미곡을 서로 혼합하여 관리하여서는 아니 된다.

② 양곡가공업자나 양곡매매업자는 농림축산식품부령으로 정하는 양곡(이하 "미곡등"이라 한다)에 대하여 다음 각 호의 어느 하나에 해당하는 행위를 하여서는 아니 된다.

1. 국산 미곡등과 같은 종류의 수입 미곡등을 혼합하여 유통하거나 판매하는 행위

2. 생산연도가 다른 미곡등을 혼합하여 유통하거나 판매하는 행위

[본조신설 2015. 1. 6.]

제21조(영업정지 등) ① 특별자치시장 · 특별자치도지사 · 시장 · 군수 또는 구청장은 제19조제1항에 따라 신고를 한 양곡가공업자가 다음 각 호의 어느 하나에 해당하면 6개월 이내의 범위에서 농림축산식품부령으로 정하는 바에 따라 영업을 정지하거나 영업소 폐쇄를 명할 수 있다. 다만, 제3호 또는 제12호에 해당하면 영업소 폐쇄를 명하여야 한다. 〈개정 2011. 7. 21., 2013. 3. 23., 2015. 1. 6., 2017. 3. 21., 2021. 11. 30.〉

1. 제12조를 위반하여 허가 또는 추천을 받지 아니하고 허가대상 미곡등을 수입한 경우

2. 제13조에 따른 명령을 위반한 경우

3. 거짓이나 그 밖의 부정한 방법으로 제19조제1항 전단에 따른 신고를 한 자

4. 거짓이나 그 밖의 부정한 방법으로 제19조제1항 후단에 따른 변경 신고를 한 자

5. 제20조에 따른 명령을 위반한 경우

6. 제20조의2제1항을 위반하여 양곡의 생산연도·품질 등을 표시하지 아니한 경우

7. 제20조의3제1항을 위반하여 거짓·과대의 표시 또는 거짓·과대의 광고를 한 경우

7의2. 제20조의4제2항을 위반하여 미곡등을 혼합하여 유통하거나 판매한 경우

8. 제27조제1항에 따른 보고 또는 자료제출 명령을 위반하거나 관계 공무원의 조사를 거부·방해 또는 기피한 경우

9. 「농수산물의 원산지 표시 등에 관한 법률」 제5조제1항에 따른 원산지의 표시의무를 위반한 경우

9의2. 「농수산물의 원산지 표시 등에 관한 법률」 제6조제1항 각 호에 따른 거짓표시 등의 금지의무를 위반한 경우

10. 「농수산물 품질관리법」 제56조제1항에 따른 유전자변형농산물의 표시의무를 위반한 경우

11. 「농수산물 품질관리법」 제57조 각 호에 따른 거짓표시 등의 금지의무를 위반한 경우

12. 영업의 정지명령을 위반하여 계속 영업을 하는 경우

13. 제19조제5항에 따른 신고를 하지 아니하고 정당한 사유 없이

계속하여 6개월 이상을 휴업하는 경우

② 특별자치시장ㆍ특별자치도지사ㆍ시장ㆍ군수 또는 구청장이 제1항에 따른 영업의 정지 또는 영업소의 폐쇄를 명할 때 따로 주무관청이 있으면 그 주무관청에 처분을 요청할 수 있다. 이 경우 처분을 요청받은 주무관청은 특별한 사유가 없으면 이에 따라야 한다. 〈개정 2017. 3. 21.〉

③ 제1항과 제2항에 따른 행정처분의 세부적인 기준은 그 위반행위의 종류와 위반 정도 등을 고려하여 농림축산식품부령으로 정한다. 〈개정 2013. 3. 23.〉

[전문개정 2009. 4. 1.]

제21조(영업정지 등) ① 특별자치시장ㆍ특별자치도지사ㆍ시장ㆍ군수 또는 구청장은 제19조제1항에 따라 신고를 한 양곡가공업자가 다음 각 호의 어느 하나에 해당하면 6개월 이내의 범위에서 농림축산식품부령으로 정하는 바에 따라 영업을 정지하거나 영업소 폐쇄를 명할 수 있다. 다만, 제3호 또는 제12호에 해당하면 영업소 폐쇄를 명하여야 한다. 〈개정 2011. 7. 21., 2013. 3. 23., 2015. 1. 6., 2017. 3. 21., 2021. 11. 30., 2025. 8. 26.〉

1. 제12조를 위반하여 허가 또는 추천을 받지 아니하고 허가대상미곡등을 수입한 경우

2. 제13조제1항에 따른 명령을 위반한 경우

3. 거짓이나 그 밖의 부정한 방법으로 제19조제1항 전단에 따른 신고를 한 자

4. 거짓이나 그 밖의 부정한 방법으로 제19조제1항 후단에 따른

변경 신고를 한 자

5. 제20조에 따른 명령을 위반한 경우

6. 제20조의2제1항을 위반하여 양곡의 생산연도·품질 등을 표시하지 아니한 경우

7. 제20조의3제1항을 위반하여 거짓·과대의 표시 또는 거짓·과대의 광고를 한 경우

7의2. 제20조의4제2항을 위반하여 미곡등을 혼합하여 유통하거나 판매한 경우

8. 제27조제1항에 따른 보고 또는 자료제출 명령을 위반하거나 관계 공무원의 조사를 거부·방해 또는 기피한 경우

9. 「농수산물의 원산지 표시 등에 관한 법률」 제5조제1항에 따른 원산지의 표시의무를 위반한 경우

9의2. 「농수산물의 원산지 표시 등에 관한 법률」 제6조제1항 각 호에 따른 거짓표시 등의 금지의무를 위반한 경우

10. 「농수산물 품질관리법」 제56조제1항에 따른 유전자변형농산물의 표시의무를 위반한 경우

11. 「농수산물 품질관리법」 제57조 각 호에 따른 거짓표시 등의 금지의무를 위반한 경우

12. 영업의 정지명령을 위반하여 계속 영업을 하는 경우

13. 제19조제5항에 따른 신고를 하지 아니하고 정당한 사유 없이 계속하여 6개월 이상을 휴업하는 경우

② 특별자치시장·특별자치도지사·시장·군수 또는 구청장이 제1항에 따른 영업의 정지 또는 영업소의 폐쇄를 명할 때 따로 주무관

청이 있으면 그 주무관청에 처분을 요청할 수 있다. 이 경우 처분을 요청받은 주무관청은 특별한 사유가 없으면 이에 따라야 한다. 〈개정 2017. 3. 21.〉

③ 제1항과 제2항에 따른 행정처분의 세부적인 기준은 그 위반행위의 종류와 위반 정도 등을 고려하여 농림축산식품부령으로 정한다. 〈개정 2013. 3. 23.〉

[전문개정 2009. 4. 1.]

[시행일: 2026. 8. 27.] 제21조

제21조의2(행정제재처분 효과의 승계) ① 종전의 양곡가공업자에 대하여 제21조제1항 각 호의 위반을 사유로 행한 행정제재처분의 효과는 그 처분기간이 만료된 날부터 1년간 다음 각 호의 어느 하나에 해당하는 양곡가공업자에게 승계된다. 〈개정 2017. 3. 21.〉

1. 제19조제5항에 따른 폐업신고 후 다시 양곡가공업의 신고를 한 자

2. 제19조의2제1항 각 호의 어느 하나에 해당하는 자

② 제1항 각 호의 어느 하나에 해당하는 자에 대하여는 제21조제1항에 따라 진행 중인 행정처분의 절차를 계속 이어서 할 수 있다.

③ 제1항 및 제2항에도 불구하고 종전의 양곡가공업자에 대한 행정제재처분 또는 종전의 양곡가공업자의 위반사실을 알지 못하였음을 증명하는 때에는 그러하지 아니하다.

[본조신설 2009. 4. 1.]

제21조의3(영업소의 폐쇄조치) ① 특별자치시장·특별자치도지사·시장·군수 또는 구청장은 제19조제1항(변경신고는 제외한다)을 위

반하여 신고를 하지 아니하고 영업을 하는 경우 또는 제21조제1항에 따른 영업소의 폐쇄명령을 받은 후에 계속하여 영업을 하는 경우에는 관계 공무원에게 해당 영업소를 폐쇄하기 위하여 다음 각 호의 조치를 하게 할 수 있다. 〈개정 2017. 3. 21.〉

1. 해당 영업소의 간판이나 그 밖의 영업표지물의 제거 · 삭제

2. 해당 영업소가 적법한 영업소가 아님을 알리는 게시문 등의 부착

3. 해당 영업소의 시설물이나 그 밖에 영업에 사용하는 기구 등을 사용할 수 없게 하는 봉인

② 특별자치시장 · 특별자치도지사 · 시장 · 군수 또는 구청장은 제1항제3호에 따른 봉인을 한 후 봉인을 계속할 필요가 없다고 인정되거나 해당 영업자 또는 그 대리인이 해당 영업소를 폐쇄할 것을 약속하거나 그 밖의 정당한 사유를 들어 봉인의 해제를 요청하는 경우에는 봉인을 해제할 수 있다. 제1항제2호에 따른 게시문 등의 경우에도 또한 같다. 〈개정 2017. 3. 21.〉

③ 특별자치시장 · 특별자치도지사 · 시장 · 군수 또는 구청장은 제1항에 따른 조치를 하려는 경우에는 미리 해당 영업자 또는 그 대리인에게 서면으로 알려주어야 한다. 다만, 긴급한 사유가 있으면 그러하지 아니하다. 〈개정 2017. 3. 21.〉

④ 제1항에 따른 조치는 그 영업을 할 수 없게 하기 위하여 필요한 최소한의 범위에 그쳐야 한다.

⑤ 제1항의 경우에 관계 공무원은 그 권한을 표시하는 증표를 지니고 이를 관계인에게 내보여야 한다.

[본조신설 2009. 4. 1.]

제3장 양곡의 유통관리〈신설 2025. 8. 26.〉[시행일: 2026. 8. 27.]

[시행일: 2026. 8. 27.]

제22조(미곡유통업의 육성) ① 농림축산식품부장관은 미곡의 유통구조개선·품질향상 및 가격안정을 위하여 생산자로부터의 미곡 매입 및 매입한 미곡의 건조·선별·보관·가공·판매 등 종합적인 미곡의 유통기능을 담당하는 미곡유통업을 육성하여야 한다. 〈개정 2013. 3. 23.〉

② 농림축산식품부장관은 농업협동조합이나 그 밖에 제1항에 따른 미곡의 유통기능을 능률적으로 수행할 수 있다고 인정되는 자에게 미곡종합처리장 등 미곡을 건조·보관·가공·유통·판매하는 시설의 설치 및 미곡의 매입에 필요한 자금의 일부를 예산의 범위에서 융자하거나 보조금을 지급할 수 있다. 〈개정 2013. 3. 23.〉

③ 제2항에 따른 융자 및 보조에 필요한 사항은 농림축산식품부령으로 정한다. 이 경우 융자금의 이자 등 융자조건에 관하여는 기획재정부장관과 협의하여야 한다. 〈개정 2013. 3. 23.〉

[전문개정 2009. 4. 1.]

제22조(미곡유통업의 육성) ① 농림축산식품부장관은 미곡의 유통구조개선·품질향상 및 가격안정을 위하여 생산자로부터의 미곡 매입 및 매입한 미곡의 건조·선별·보관·가공·판매 등 종합적인 미곡의 유통기능을 담당하는 미곡유통업을 육성하여야 한다. 〈개정

2013. 3. 23.〉

② 농림축산식품부장관은 농업협동조합이나 그 밖에 제1항에 따른 미곡의 유통기능을 능률적으로 수행할 수 있다고 인정되는 자에게 미곡종합처리장 등 미곡을 건조·보관·가공·유통·판매하는 시설의 설치 및 미곡의 매입에 필요한 자금의 일부를 예산의 범위에서 융자하거나 보조금을 지급할 수 있다. 〈개정 2013. 3. 23.〉

③ 제2항에 따른 융자 및 보조에 필요한 사항은 농림축산식품부령으로 정한다. 이 경우 융자금의 이자 등 융자조건에 관하여는 기획예산처장관과 협의하여야 한다. 〈개정 2013. 3. 23., 2025. 10. 1.〉

[전문개정 2009. 4. 1.]

[시행일: 2026. 1. 2.] 제22조

제22조의2(양곡의 수요개발 및 소비촉진) ① 농림축산식품부장관은 양곡의 수요개발과 소비촉진을 위하여 다음 각 호의 사업을 지원할 수 있다.

1. 국민의 식생활 개선 및 양곡의 소비촉진을 위한 교육·홍보 사업
2. 국민의 양곡 기호 변화에 따른 양곡의 새로운 수요개발
3. 학교급식 및 단체급식에서의 양곡 공급 확대를 위한 사업
4. 그 밖에 양곡 소비를 촉진하기 위하여 필요하다고 인정되는 사업

② 농림축산식품부장관은 우수 양곡(「친환경농어업 육성 및 유기식품 등의 관리·지원에 관한 법률」 제19조에 따른 유기식품등의 인증을 받은 양곡 등 대통령령으로 정하는 양곡을 말한다. 이하 이 조에서 같다)의 소비촉진을 위하여 우수 양곡을 원료로 사용하는 기

업에 대하여 다음 각 호의 자금을 지원할 수 있다.

1. 원료로 사용하는 우수 양곡의 구매자금

2. 우수 양곡을 원료로 사용하는 제품의 개발 및 판로 확대를 위한 자금

[본조신설 2025. 8. 26.]

[시행일: 2026. 8. 27.] 제22조의2

제23조 삭제 〈2009. 4. 1.〉

제24조(업무대행) 농림축산식품부장관은 정부관리양곡의 수출 · 수입 · 매매 · 저장 · 출납 · 수송 · 가공과 양곡의 매입약정체결 · 선금지급 등의 업무를 효율적으로 수행하기 위하여 필요하다고 인정하는 경우에는 농림축산식품부장관이 지정하는 기관으로 하여금 해당 업무를 대행하게 할 수 있다. 〈개정 2013. 3. 23.〉

[전문개정 2009. 4. 1.]

제2장의2 양곡증권정리기금 〈신설 2009. 4. 1.〉

제4장 양곡증권정리기금〈개정 2025. 8. 26.〉[시행일: 2026. 8. 27.]

[시행일: 2026. 8. 27.]

제25조(양곡증권정리기금의 설치) ① 부채의 정리 및 양곡증권의 관리 등에 관한 사업을 하기 위하여 양곡증권정리기금(이하 "기금"이라 한다)을 설치한다.

② 기금은 다음 각 호의 재원으로 조성한다.

1. 종전의 「양곡증권법」에 따라 기금으로 조성된 자금

2. 「공공자금관리기금법」에 따른 공공자금관리기금으로부터의 예수금

3. 제25조의4에 따라 정부의 회계로부터 받는 자금

4. 출연금

5. 기금의 결산상 잉여금

[본조신설 2009. 4. 1.]

제25조의2(부채의 상환관리) 부채의 상환방법 · 상환기간, 그 밖에 상환관리에 필요한 사항은 대통령령으로 정한다.

[본조신설 2009. 4. 1.]

제25조의3(기금의 운용 · 관리) ① 기금은 농림축산식품부장관이 운용 · 관리한다. 〈개정 2013. 3. 23.〉

② 기금은 다음 각 호의 용도에 사용한다.

1. 부채의 상환

2. 기금의 운용에 필요한 비용으로서 대통령령으로 정하는 것

[본조신설 2009. 4. 1.]

제25조의4(예산 반영) 정부는 다음 각 호의 비용 및 재원을 회계연도마다 예산에 반영하도록 하여야 한다.

1. 제25조의3제2항제2호에 따른 비용

2. 부채의 규모 축소를 위하여 필요한 재원

[본조신설 2009. 4. 1.]

제25조의5(자금의 일시차입) ① 농림축산식품부장관은 기금의 운용상 일시적으로 자금이 부족할 경우에는 기금의 부담으로 정부의 회계, 다른 기금 또는 한국은행으로부터 기금 운용에 필요한 자금을

일시차입할 수 있다. 〈개정 2013. 3. 23.〉

② 제1항에 따른 일시차입금은 해당 회계연도 내에 상환하여야 한다.

[본조신설 2009. 4. 1.]

제25조의6(기금의 회계기관) ① 농림축산식품부장관은 기금의 수입과 지출에 관한 사무를 수행하게 하기 위하여 소속 공무원 중에서 기금수입징수관, 기금재무관, 기금지출관 및 기금출납공무원을 임명한다. 〈개정 2013. 3. 23.〉

② 제1항에 따른 기금수입징수관, 기금재무관, 기금지출관 및 기금출납공무원은 기금의 출납을 담당하는 관서에 설치된 직위를 지정함으로써 임면한다.

[본조신설 2009. 4. 1.]

제3장 보칙 〈개정 2009. 4. 1.〉

제5장 보칙〈개정 2025. 8. 26.〉[시행일: 2026. 8. 27.]

[시행일: 2026. 8. 27.]

제26조(융자 및 보조) 농림축산식품부장관은 양곡의 수급조절, 식생활의 개선, 양곡의 가공·보관·유통개선을 위하여 필요하다고 인정하면 대통령령령으로 정하는 사업을 행하는 자에 대하여 예산의 범위에서 필요한 자금을 융자하거나 보조금을 지급할 수 있다. 〈개정 2013. 3. 23.〉

[전문개정 2009. 4. 1.]

제27조(감독) ① 농림축산식품부장관은 양곡의 수급 관리 또는 유통

질서 확립을 위하여 필요하다고 인정할 때에는 다음 각 호의 자에게 대통령령으로 정하는 바에 따라 필요한 사항의 보고 또는 자료 제출을 명하거나 관계 공무원에게 해당 사업장 등에 출입하여 장부 등의 관계 서류, 시설 및 양곡 소유량 등을 조사하게 할 수 있다. 〈개정 2013. 3. 23.〉

1. 양곡의 소유자
2. 양곡매매업자
3. 양곡가공업자
4. 양곡을 수출·수입·보관 또는 수송하는 자

② 제1항에 따른 조사를 하는 경우에는 조사일 7일 전까지 조사 일시, 조사이유 및 조사내용 등의 조사계획을 조사 대상자에게 알려야 한다. 다만, 긴급히 조사하여야 하거나 사전통지를 하면 증거인멸 등으로 조사목적을 달성할 수 없다고 인정되는 경우에는 그러하지 아니하다.

③ 제1항에 따라 조사를 하는 공무원은 그 권한을 표시하는 증표를 지니고 이를 관계인에게 내보여야 한다.

[전문개정 2009. 4. 1.]

제27조의2(명예감시원) ① 농림축산식품부장관, 특별시장·광역시장·특별자치시장·도지사·특별자치도지사·시장·군수 또는 구청장은 공정한 양곡 유통질서 확립을 위한 감시·지도·홍보 및 계몽 등을 행하게 하기 위하여 명예감시원을 둘 수 있다. 〈개정 2013. 3. 23., 2017. 3. 21.〉

② 농림축산식품부장관은 예산의 범위에서 지방자치단체에 명예감

시원의 운영에 드는 경비의 전부 또는 일부를 보조할 수 있다. 〈개정 2013. 3. 23.〉

③ 제1항에 따른 명예감시원의 자격·위촉방법·업무범위와 수당의 지급 등에 필요한 사항은 농림축산식품부령으로 정한다. 〈개정 2013. 3. 23.〉

[전문개정 2009. 4. 1.]

제27조의3(포상금 지급) 농림축산식품부장관은 다음 각 호의 어느 하나에 해당하는 자를 관계 행정기관이나 수사기관에 신고 또는 고발한 자에게 대통령령으로 정하는 바에 따라 포상금을 지급할 수 있다. 〈개정 2013. 3. 23., 2015. 1. 6.〉

1. 제9조제4항에 따라 농림축산식품부장관이 지정한 용도 외의 용도로 양곡을 사용·처분한 자

2. 제20조의2제1항에 따른 생산연도·품질 등의 표시의무를 위반한 자

3. 제20조의3제1항을 위반하여 거짓·과대의 표시 또는 거짓·과대의 광고를 한 자

4. 제20조의4제2항을 위반하여 미곡등을 혼합하여 유통하거나 판매한 자

[전문개정 2009. 4. 1.]

제28조(청문) 특별자치시장·특별자치도지사·시장·군수 또는 구청장은 제21조에 따라 양곡가공업자에게 영업소의 폐쇄를 명하려면 청문을 하여야 한다. 〈개정 2017. 3. 21.〉

[전문개정 2009. 4. 1.]

第29조(권한의 위임 · 위탁) ① 이 법에 따른 농림축산식품부장관의 권한은 대통령령으로 정하는 바에 따라 그 일부를 소속 기관의 장, 특별시장 · 광역시장 · 특별자치시장 · 도지사 · 특별자치도지사나 시장 · 군수 또는 구청장에게 위임할 수 있다. 〈개정 2013. 3. 23., 2017. 3. 21.〉

② 농림축산식품부장관은 이 법에 따른 사무의 일부를 대통령령으로 정하는 바에 따라 「한국농수산식품유통공사법」에 따른 한국농수산식품유통공사, 농업 관련 기관 또는 농업 관련 단체에 위탁할 수 있다. 〈개정 2011. 7. 25., 2013. 3. 23.〉

[전문개정 2009. 4. 1.]

제4장 벌칙 〈개정 2009. 4. 1.〉

제6장 벌칙〈개정 2025. 8. 26.〉[시행일: 2026. 8. 27.]

[시행일: 2026. 8. 27.]

제30조 삭제 〈1999. 1. 21.〉

제31조(벌칙) ① 다음 각 호의 어느 하나에 해당하는 자는 10년 이하의 징역 또는 수출 · 수입한 양곡을 시가(時價)로 환산한 가액(價額)의 3배 이하의 벌금에 처한다. 이 경우 징역과 벌금은 병과(倂科)할 수 있다.

1. 제12조제1항에 따른 허가를 받지 아니하고 허가대상미곡등을 수입한 자

2. 제12조제2항에 따른 추천을 받지 아니하고 양곡을 수출하거나 수입한 자

② 제1항의 경우에는 수출하거나 수입한 양곡을 몰수하고, 이를 몰수할 수 없을 때에는 그 양곡을 시가로 환산한 가액을 추징한다.

[전문개성 2009. 4. 1.]

제32조(벌칙) 다음 각 호의 어느 하나에 해당하는 자는 3년 이하의 징역 또는 사용·처분한 양곡을 시가로 환산한 가액의 5배 이하의 벌금에 처한다. 〈개정 2013. 3. 23., 2015. 1. 6.〉

1. 제9조제4항에 따라 농림축산식품부장관이 지정한 용도 외로 양곡을 사용·처분한 자

2. 제13조제1호 또는 제2호에 따른 명령을 위반하여 수입양곡을 사용·처분한 자

3. 제20조의3제1항을 위반하여 거짓·과대의 표시 또는 거짓·과대의 광고를 한 자

4. 제20조의4제2항을 위반하여 미곡등을 혼합하여 유통하거나 판매한 자

[전문개정 2009. 4. 1.]

<u>제32조(벌칙) 다음 각 호의 어느 하나에 해당하는 자는 3년 이하의 징역 또는 사용·처분한 양곡을 시가로 환산한 가액의 5배 이하의 벌금에 처한다. 〈개정 2013. 3. 23., 2015. 1. 6., 2025. 8. 26.〉</u>

<u>1. 제9조제4항에 따라 농림축산식품부장관이 지정한 용도 외로 양곡을 사용·처분한 자</u>

<u>2. 제13조제1항제1호 또는 제2호에 따른 명령을 위반하여 수입양곡을 사용·처분한 자</u>

<u>3. 제20조의3제1항을 위반하여 거짓·과대의 표시 또는 거짓·과</u>

대의 광고를 한 자

4. 제20조의4제2항을 위반하여 미곡등을 혼합하여 유통하거나 판매한 자

[전문개정 2009. 4. 1.]

[시행일: 2026. 8. 27.] 제32조

제33조 삭제 〈2009. 4. 1.〉

제34조(벌칙) 다음 각 호의 어느 하나에 해당하는 자는 1년 이하의 징역 또는 1천만원 이하의 벌금에 처한다. 〈개정 2020. 1. 29.〉

1. 제13조제3호에 따른 명령을 위반한 자
2. 제19조제1항 전단에 따른 신고를 하지 아니하고 양곡가공업을 한 자
3. 거짓이나 그 밖의 부정한 방법으로 제19조제1항 전단에 따른 신고를 하고 양곡가공업을 한 자
4. 삭제 〈2015. 1. 6.〉
5. 제21조제1항에 따른 영업정지명령을 위반하고 영업을 한 자
6. 제21조제1항에 따른 영업소 폐쇄명령을 받고도 영업을 한 자
7. 제21조의3에 따라 관계 공무원이 붙인 봉인·게시문 등을 함부로 제거하거나 손상한 자
8. 제27조제1항에 따른 보고 또는 자료제출 명령을 위반하거나 관계 공무원의 조사를 거부·방해 또는 기피한 자

[전문개정 2009. 4. 1.]

제34조(벌칙) 다음 각 호의 어느 하나에 해당하는 자는 1년 이하의 징역 또는 1천만원 이하의 벌금에 처한다. 〈개정 2020. 1. 29.,

2025. 8. 26.〉

1. 제13조제1항제3호에 따른 명령을 위반한 자

2. 제19조제1항 전단에 따른 신고를 하지 아니하고 양곡가공업을 한 자

3. 거짓이나 그 밖의 부정한 방법으로 제19조제1항 전단에 따른 신고를 하고 양곡가공업을 한 자

4. 삭제 〈2015. 1. 6.〉

5. 제21조제1항에 따른 영업정지명령을 위반하고 영업을 한 자

6. 제21조제1항에 따른 영업소 폐쇄명령을 받고도 영업을 한 자

7. 제21조의3에 따라 관계 공무원이 붙인 봉인·게시문 등을 함부로 제거하거나 손상한 자

8. 제27조제1항에 따른 보고 또는 자료제출 명령을 위반하거나 관계 공무원의 조사를 거부·방해 또는 기피한 자

[전문개정 2009. 4. 1.]

[시행일: 2026. 8. 27.] 제34조

제35조(양벌규정) 법인의 대표자나 법인 또는 개인의 대리인, 사용인, 그 밖의 종업원이 그 법인 또는 개인의 업무에 관하여 제31조·제32조 또는 제34조의 위반행위를 하면 그 행위자를 벌하는 외에 그 법인 또는 개인에게도 해당 조문의 벌금형을 과(科)한다. 다만, 법인 또는 개인이 그 위반행위를 방지하기 위하여 해당 업무에 관하여 상당한 주의와 감독을 게을리하지 아니한 경우에는 그러하지 아니하다.

[전문개정 2009. 4. 1.]

제36조(과태료) ① 다음 각 호의 어느 하나에 해당하는 자에게는 200만원 이하의 과태료를 부과한다. 〈개정 2017. 3. 21.〉

1. 제19조제1항 후단에 따른 변경신고를 하지 아니하고 양곡가공업을 한 자

2. 거짓이나 그 밖의 부정한 방법으로 제19조제1항 후단에 따른 변경신고를 하고 양곡가공업을 한 자

3. 제19조제5항을 위반하여 신고하지 아니하고 휴업 또는 폐업을 한 자

4. 제19조의2제3항에 따른 양곡가공업의 승계 신고를 하지 아니하고 양곡가공업을 한 자

5. 제20조에 따른 명령을 위반한 자

6. 제20조의2제1항을 위반하여 표시를 하지 아니하거나 같은 조 제2항에 따른 표시방법을 위반한 자

② 제1항에 따른 과태료는 대통령령으로 정하는 바에 따라 농림축산식품부장관이나 특별자치시장·특별자치도지사·시장·군수 또는 구청장이 부과·징수한다. 〈개정 2013. 3. 23., 2017. 3. 21.〉

[전문개정 2009. 4. 1.]

제36조(과태료) ① 다음 각 호의 어느 하나에 해당하는 자에게는 200만원 이하의 과태료를 부과한다. 〈개정 2017. 3. 21., 2025. 8. 26.〉

1. 제5조의2제2항을 위반하여 특별한 사유 없이 자료의 제출 요청에 따르지 아니하거나 거짓으로 자료를 제출한 자. 다만, 관계 행정기관은 제외한다.

2. 제9조의3제2항을 위반하여 특별한 사유 없이 자료제출 요구에 따르지 아니하거나 거짓으로 자료를 제출한 자

3. 제9조의4제2항을 위반하여 특별한 사유 없이 자료의 제출이나 정보의 제공 요청에 따르지 아니하거나 거짓으로 자료를 제출하거나 정보를 제공한 자

4. 제19조제1항 후단에 따른 변경신고를 하지 아니하고 양곡가공업을 한 자

5. 거짓이나 그 밖의 부정한 방법으로 제19조제1항 후단에 따른 변경신고를 하고 양곡가공업을 한 자

6. 제19조제5항을 위반하여 신고하지 아니하고 휴업 또는 폐업을 한 자

7. 제19조의2제3항에 따른 양곡가공업의 승계 신고를 하지 아니하고 양곡가공업을 한 자

8. 제20조에 따른 명령을 위반한 자

9. 제20조의2제1항을 위반하여 표시를 하지 아니하거나 같은 조 제2항에 따른 표시방법을 위반한 자

② 제1항에 따른 과태료는 대통령령으로 정하는 바에 따라 농림축산식품부장관이나 특별자치시장ㆍ특별자치도지사ㆍ시장ㆍ군수 또는 구청장이 부과ㆍ징수한다. 〈개정 2013. 3. 23., 2017. 3. 21.〉

[전문개정 2009. 4. 1.]

[시행일: 2026. 8. 27.] 제36조

부칙 〈제4707호, 1994. 1. 5.〉

제1조 (시행일) 이 법은 공포후 3월이 경과한 날부터 시행한다. 다만, 제19조 및 이와 관련되는 양곡가공업에 관한 규정은 공포후 1년이 경과한 날부터 시행한다.

제2조 (폐지법률) ①법률 제2237호 양곡관리기금법은 이를 폐지한다.

②이 법 시행당시 제1항의 규정에 의하여 폐지되는 법률에 의하여 설치된 양곡관리기금의 부채 및 자산의 정리에 관하여는 따로 법률로 정한다.

제3조 (양곡매매업자등에 관한 경과조치) ①이 법 시행당시 종전의 규정에 의하여 허가를 받은 양곡매매업자는 이 법에 의하여 양곡매매업의 신고를 한 것으로 본다.

②이 법 시행당시 종전의 규정에 의하여 허가를 받은 양곡가공업자는 이 법에 의하여 양곡가공업의 등록을 한 것으로 본다.

제4조 (다른 법률의 개정) ①농산물가격유지법중 다음과 같이 개정한다.

제5조제2항을 삭제한다.

②농업협동조합법중 다음과 같이 개정한다.

제13조 제1항중 “양곡관리법 제15조의3 및 제16조”를 “양곡관리법 제18조 및 제19조”로 한다.

③농촌근대화촉진법중 다음과 같이 개정한다.

제52조 제3항 및 제4항을 각각 삭제한다.

④이 법 시행당시 다른 법령에서 종전의 양곡관리법의 규정을 인용한 경우에 이 법중 그에 해당하는 규정이 있는 때에는 종전의 규정에 갈음하여 이 법 또는 이 법의 해당 조항을 인용한 것으로 본다.

부칙 〈제4842호, 1994. 12. 31.〉

이 법은 세계무역기구(WTO)설립을위한마라케쉬협정의 효력이 국내에서 발생되는 날부터 시행한다.

부칙 〈제5153호, 1996. 8. 8.〉 (정부조직법)

제1조 (시행일) 이 법은 공포후 30일 이내에 제41조의 개정규정에 의한 해양수산부와 해양경찰청의 조직에 관한 대통령령의 시행일부터 시행한다.

제2조 생략

제3조 (다른 법률의 개정) ①내지 ㉗생략

㉘양곡관리법중 다음과 같이 개정한다.

제4조 , 제6조제1항ㆍ제2항, 제7조제1항, 제8조, 제9조제1항 본문ㆍ제2항 내지 제6항, 제10조, 제11조, 제12조, 제13조 본문, 제13조의2제1항, 제14조, 제16조, 제17조 본문, 제20조제1항 본문ㆍ제2항, 제22조제1항ㆍ제2항, 제23조제1항, 제24조, 제25조, 제26조, 제27조제1항, 제29조, 제33조제1호, 제34조제2호 및 제36조제2항중 "농림수산부장관"을 각각 "농림부장관"으로 한다.

제23조 제1항중 "농림수산부"를 "농림부"로 한다.

제12조 제2항, 제13조의2제1항ㆍ제2항, 제18조제2항제2호, 제19조제2항, 제21조제1항, 제22조제3항 및 제25조제1항중 "농림수산부령"을 각각 "농림부령"으로 한다.

㉙내지 〈69〉생략

제4조 생략

부칙 〈제5280호, 1997. 1. 13.〉

이 법은 1997년 2월 1일부터 시행한다.

부칙 〈제5453호, 1997. 12. 13.〉 (행정절차법의시행에따른 공인회계사법등의정비에관한법률)

제1조 (시행일) 이 법은 1998년 1월 1일부터 시행한다. 〈단서 생략〉

제2조 생략

부칙 〈제5665호, 1999. 1. 21.〉

①(시행일) 이 법은 공포후 6월이 경과한 날부터 시행한다.

②(양곡가공업 등록자에 관한 경과조치) 이 법 시행당시 종전의 규정에 의하여 양곡가공업의 등록을 한 자는 제19조의 개정규정에 의하여 양곡가공업의 등록 또는 신고를 한 것으로 본다.

부칙 〈제6305호, 2000. 12. 29.〉 (관세법)

제1조 (시행일) 이 법은 2001년 1월 1일부터 시행한다.

제2조 내지 제6조 생략

제7조 (다른 법률의 개정) ①내지 ⑩생략

⑪양곡관리법중 다음과 같이 개정한다.

제13조 각호외의 부분 본문중 "관세법 제16조"를 "관세법 제71조"로 한다.

⑫내지 ⑲생략

제8조 생략

부칙 〈제6594호, 2002. 1. 14.〉

①(시행일) 이 법은 공포후 6월이 경과한 날부터 시행한다.

②(양곡가공업의 등록 등에 관한 경과조치) 이 법 시행 당시 종전의 규정에 의하여 특별시장·광역시장 또는 도지사에게 양곡가공업의 등록 또는 신고를 한 자는 제19조제1항의 개정규정에 의하여 시장·군수 또는 구청장에게 양곡가공업의 등록 또는 신고를 한 것으로 본다.

부칙 〈제6836호, 2002. 12. 30.〉 (국고금관리법)

제1조 (시행일) 이 법은 2003년 1월 1일부터 시행한다.

제2조 내지 제5조 생략

제6조 (다른 법률의 개정) ①내지 ⑩생략

⑪양곡관리법중 다음과 같이 개정한다.

제4조제2항중 "예산회계법 제68조"를 "국고금관리법 제26조"로 한다.

⑫내지 ㉛생략

제7조 생략

부칙 〈제7275호, 2004. 12. 31.〉 (농수산물유통및가격안정에관한법률)

제1조 (시행일) 이 법은 2005년 1월 1일부터 시행한다.

제2조 및 제3조 생략

제4조 (다른 법률의 개정) ①생략

②양곡관리법중 다음과 같이 개정한다.

제13조의2제2항중 "농수산물유통및가격안정에관한법률 제44조의 규정에 의한 농수산물가격안정기금"을 "농수산물유통및가격안정에관한법률 제54조의 규정에 의한 농산물가격안정기금"으로 한다.

③생략

제5조 생략

부칙 〈제7432호, 2005. 3. 31.〉

제1조 (시행일) 이 법은 공포 후 3월이 경과한 날부터 시행한다.

제2조 (정부관리양곡의 매입자격 제한에 관한 적용례) 제9조의2의 개정규정은 이 법 시행 후 정부관리양곡을 매입하는 자부터 적용한다.

제3조 (정부관리양곡의 수급계획에 관한 경과조치) 이 법 시행당시 종전의 규정에 의하여 수립된 정부관리양곡의 수급계획은 제3조의 개정규정에 의하여 수립된 것으로 본다.

제4조 (정부관리양곡의 교환 또는 대여에 관한 경과조치) 이 법 시행당시 정부관리양곡을 교환 또는 대여받아 이를 인도 또는 상환하지 아니한 자에 대하여는 종전의 제8조의 규정에 의한다.

제5조 (포장양곡에 대한 규격표시에 관한 경과조치) 이 법 시행당시 종전의 제20조제1항제3호의 규정에 의하여 포장양곡에 표시된 규격표시는 제20조의2의 개정규정에 의하여 표시된 것으로 본다.

제6조 (명칭변경에 관한 경과조치) 이 법 시행당시의 양곡유통위원회는 이 법에 의한 양곡정책심의위원회로 본다.

부칙 〈제7433호, 2005. 3. 31.〉 (쌀소득 등의 보전에 관한 법률)

제1조 (시행일) 이 법은 공포 후 3월이 경과한 날부터 시행한다. 〈단서 생략〉

제2조 내지 제6조 생략

제7조 (다른 법률의 개정) ①양곡관리법 일부를 다음과 같이 개정한다.

제13조의2제2항중 "양곡관리특별회계"를 "양곡관리특별회계, 「쌀소득 등의 보전에 관한 법률」 제17조의 규정에 의한 쌀소득보전변동직접지불기금"으로 한다.

②생략

제8조 생략

부칙 〈제8105호, 2006. 12. 28.〉

이 법은 공포 후 6개월이 경과한 날부터 시행한다.

부칙 〈제8595호, 2007. 8. 3.〉

이 법은 공포 후 6개월이 경과한 날부터 시행한다.

부칙 〈제8852호, 2008. 2. 29.〉 (정부조직법)

제1조 (시행일) 이 법은 공포한 날부터 시행한다. 다만, ···〈생략〉···, 부칙 제6조에 따라 개정되는 법률 중 이 법의 시행 전에 공포되었으나 시행일이 도래하지 아니한 법률을 개정한 부분은 각각 해당 법률의 시행일부터 시행한다.

제2조 부터 제5조까지 생략

제6조 (다른 법률의 개정) ① 부터 〈315〉 까지 생략

〈316〉 양곡관리법 일부를 다음과 같이 개정한다.

제23조제1항 중 "농림부"를 "농림수산식품부"로 한다.

제3조제1항 · 제2항제4호 · 제3항 · 제4항, 제5조제1항, 제9조제4항, 제9조의2 각 호 외의 부분 · 제2호, 제10조제1항 · 제2항, 제13조의2제4항 각 호 외의 부분 본문, 제27조의2제1항 · 제2항, 제27조의3 각 호 외의 부분 · 제1호 및 제32조제1호 중 "농림부장관"을 각각 "농림수산식품부장관"으로 한다.

제4조제1항 · 제2항, 제5조제3항, 제9조제1항 각 호 외의 부분 전단 및 후단 · 제2항 · 제3항, 제11조, 제12조제2항 · 제3항 전단 및 후단 · 제4항, 제13조 각 호 외의 부분 본문, 제13조의2제1항, 제16조제1항 전단 · 제4항부터 제6항까지, 제20조제1항 각 호 외의 부분 · 제2항 각 호 외의 부분, 제22조제1항 · 제2항, 제24조, 제26조, 제27조제1항, 제29조 및 제36조제2항 중 "농림부장관"을 각각 "농림수산식품부장관"으로 한다.

제5조제3항, 제12조제2항, 제13조의2제1항 · 제2항, 제19조제2항, 제21조제1항 각 호 외의 부분 본문 및 제22조제3항 전단 중 "농림부령"을 각각 "농림수산식품부령"으로 한다.

제9조제5항, 제9조의2 각 호 외의 부분 · 제5호, 제20조의2제1항 · 제2항, 제20조의3제2항, 제21조제3항 및 제27조의2제3항 중 "농림부령"을 각각 "농림수산식품부령"으로 한다.

〈317〉 부터 〈760〉 까지 생략

제7조 생략

부칙 〈제9280호, 2008. 12. 31.〉 (정부기업예산법)

제1조(시행일) 이 법은 2009년 1월 1일부터 시행한다.

제2조 부터 제4조까지 생략

제5조(다른 법률의 개정) ① 부터 ⑤ 까지 생략

⑥ 양곡관리법 일부를 다음과 같이 개정한다.

제13조의2제2항 중 "기업예산회계법 제3조제4호의 규정에 의한"을 "「정부기업예산법」 제3조제3호에 따른"으로 한다.

⑦ 부터 ⑨ 까지 생략

제6조 생략

부칙 〈제9622호, 2009. 4. 1.〉

제1조(시행일) 이 법은 공포 후 6개월이 경과한 날부터 시행한다. 다만, 제3조 · 제5조 · 제20조 및 제23조의 개정규정은 공포한 날부터 시행한다.

제2조(다른 법률의 폐지) 양곡증권정리기금법은 폐지한다.

제3조(양곡가공업의 변경신고에 관한 적용례) 제19조제1항 후단의 개정규정은 이 법 시행 후 최초로 변경하는 부분부터 적용한다.

제4조(휴업 또는 폐업에 관한 적용례) 제19조제3항의 개정규정은 이 법 시행 후 최초로 하는 휴업 또는 폐업부터 적용한다.

제5조(양곡가공업의 승계에 관한 적용례) 제19조의2의 개정규정은 이 법 시행 후 최초로 승계 사유가 발생한 경우부터 적용한다.

제6조(행정제재처분 효과의 승계에 관한 적용례) 제21조의2의 개정 규정은 이 법 시행 후 최초로 하는 행정제재처분부터 적용한다.
제7조(양곡가공업의 등록에 관한 경과조치) 이 법 시행 당시 종전의 규정에 따라 양곡가공업의 등록을 한 자는 제19조에 따라 양곡가공업의 신고를 한 것으로 본다.
제8조(양곡증권정리기금에 관한 경과조치) ① 이 법 시행 당시 종전의 「양곡증권정리기금법」에 따라 설치된 양곡증권정리기금은 이 법에 따라 설치된 양곡증권정리기금으로 본다.
② 이 법 시행 당시 종전의 「양곡증권정리기금법」에 따라 운용·관리한 기금은 이 법에 따라 운용·관리한 것으로 본다.
③ 이 법 시행 당시 종전의 「양곡증권정리기금법」에 따라 설치된 기금의 회계기관은 이 법에 따라 임명된 것으로 본다.
제9조(벌칙 및 과태료에 관한 경과조치) 이 법 시행 전의 행위에 대하여 벌칙 및 과태료를 적용할 때에는 종전의 규정에 따른다.
제10조(다른 법률의 개정) 국가재정법 일부를 다음과 같이 개정한다.
별표 2 제34호를 다음과 같이 한다.
34. 「양곡관리법」

부칙 〈제10885호, 2011. 7. 21.〉 (농수산물 품질관리법)
제1조(시행일) 이 법은 공포 후 1년이 경과한 날부터 시행한다.
제2조 부터 제18조까지 생략
제19조(다른 법률의 개정) ①부터 ⑥까지 생략
⑦ 양곡관리법 일부를 다음과 같이 개정한다.

제9조의2제4호를 다음과 같이 하고, 같은 조에 제4호의2를 다음과 같이 신설한다.

4. 해당 양곡에 대하여 「농수산물의 원산지 표시에 관한 법률」 제5조제1항 또는 제3항에 따른 원산지의 표시의무를 위반하거나 같은 법 제6조제1항 각 호 또는 제2항 각 호의 어느 하나에 해당한 경우

4의2. 해당 양곡에 대하여 「농수산물 품질관리법」 제56조제1항에 따른 유전자변형농수산물의 표시의무를 위반하거나 같은 법 제57조 각 호의 어느 하나에 해당한 경우

제21조제1항제9호를 다음과 같이 하고, 같은 항에 제9호의2를 다음과 같이 신설하며, 같은 항 제10호 중 "「농산물품질관리법」 제16조제2항"을 "「농수산물 품질관리법」 제56조제1항"으로 하고, 같은 항 제11호 중 "「농산물품질관리법」 제17조제1항 각 호에 따른 허위표시 등"을 "「농수산물 품질관리법」 제57조 각 호에 따른 거짓표시 등"으로 한다.

9. 「농수산물의 원산지 표시에 관한 법률」 제5조제1항에 따른 원산지의 표시의무를 위반한 경우

9의2. 「농수산물의 원산지 표시에 관한 법률」 제6조제1항 각 호에 따른 거짓표시 등의 금지의무를 위반한 경우

⑧부터 ⑬까지 생략

제20조 생략

부칙 〈제10932호, 2011. 7. 25.〉 (한국농수산식품유통공사법)

제1조(시행일) 이 법은 공포 후 6개월이 경과한 날부터 시행한다.
제2조 및 제3조 생략
제4조(다른 법률의 개정) ①부터 ④까지 생략
⑤ 양곡관리법 일부를 다음과 같이 개정한다.
제29조제2항 중 "「농수산물유통공사법」에 따른 농수산물유통공사"를 "「한국농수산식품유통공사법」에 따른 한국농수산식품유통공사"로 한다.
⑥ 생략
제5조 생략

부칙 〈제11230호, 2012. 1. 26.〉 (농업소득의 보전에 관한 법률)
제1조(시행일) 이 법은 2015년 1월 1일부터 시행한다.
제2조 부터 제13조까지 생략
제14조(다른 법률의 개정) ① 양곡관리법 일부를 다음과 같이 개정한다.
제13조의2제2항 중 "「쌀소득 등의 보전에 관한 법률」 제17조에 따른 쌀소득보전변동직접지불기금"을 "「농업소득의 보전에 관한 법률」 제19조에 따른 농업소득보전직접지불기금"으로 한다.
② 생략
제15조 생략

부칙 〈제11641호, 2013. 3. 22.〉

이 법은 공포 후 6개월이 경과한 날부터 시행한다.

부칙 〈제11690호, 2013. 3. 23.〉 (정부조직법)

제1조(시행일) ① 이 법은 공포한 날부터 시행한다.

② 생략

제2조 부터 제5조까지 생략

제6조(다른 법률의 개정) ①부터 〈313〉까지 생략

〈314〉 양곡관리법 일부를 다음과 같이 개정한다.

제3조제1항, 같은 조 제2항제4호, 같은 조 제3항·제4항, 제4조제1항·제2항, 제5조제1항·제2항, 제9조제1항 각 호 외의 부분 전단·후단, 같은 조 제2항부터 제4항까지, 제9조의2 각 호 외의 부분 본문, 같은 조 제2호, 제10조제1항·제2항, 제11조, 제12조제1항·제2항, 같은 조 제3항 전단·후단, 같은 조 제4항, 제13조 각 호 외의 부분 본문, 제13조의2제1항, 같은 조 제4항 각 호 외의 부분 본문, 제16조제1항 전단, 같은 조 제2항부터 제4항까지, 제20조 각 호 외의 부분, 제22조제1항·제2항, 제24조, 제25조의3제1항, 제25조의5제1항, 제25조의6제1항, 제26조, 제27조제1항 각 호 외의 부분, 제27조의2제1항·제2항, 제27조의3 각 호 외의 부분, 같은 조 제1호, 제29조제1항·제2항, 제32조제1호 및 제36조제2항 중 "농림수산식품부장관"을 각각 "농림축산식품부장관"으로 한다.

제5조제2항, 제9조제5항, 제9조의2 각 호 외의 부분 본문, 같은 조 제5호, 제12조제2항, 제13조의2제1항·제2항, 제19조제1항 전단, 같은 조 제3항·제4항, 제19조의2제3항, 제20조의2제1항·제2

항, 제20조의3제2항, 제21조제1항 각 호 외의 부분 본문, 같은 조 제3항, 제22조제3항 전단 및 제27조의2제3항 중 "농림수산식품부령"을 각각 "농림축산식품부령"으로 한다.

〈315〉부터 〈710〉까지 생략

제7조 생략

부칙 〈제12964호, 2015. 1. 6.〉

이 법은 공포 후 6개월이 경과한 날부터 시행한다.

부칙 〈제14653호, 2017. 3. 21.〉

제1조(시행일) 이 법은 공포 후 3개월이 경과한 날부터 시행한다.

제2조(양곡가공업 신고 및 양곡가공업 승계신고에 관한 적용례) 제19조제2항·제3항 및 제19조의2제4항·제5항의 개정규정은 이 법 시행 이후 신고를 하는 경우부터 적용한다.

부칙 〈제16858호, 2019. 12. 31.〉 (농업·농촌 공익기능 증진 직접지불제도 운영에 관한 법률)

제1조(시행일) ① 이 법은 공포 후 4개월이 경과한 날부터 시행한다. 〈단서 생략〉

제2조 부터 제8조까지 생략

제9조(다른 법률의 개정) ① 생략

② 양곡관리법 일부를 다음과 같이 개정한다.

제13조의2제2항 중 "「농업소득의 보전에 관한 법률」 제19조에

따른 농업소득보전직접지불기금”을 “「농업·농촌 공익기능 증진 직접지불제도 운영에 관한 법률」 제25조에 따른 농업·농촌 공익기능 증진 직접지불기금”으로 한다.

③ 생략

제10조 생략

부칙 〈제16891호, 2020. 1. 29.〉

이 법은 공포 후 6개월이 경과한 날부터 시행한다.

부칙 〈제17761호, 2020. 12. 29.〉 (주류 면허 등에 관한 법률)

제1조(시행일) 이 법은 2021년 1월 1일부터 시행한다.

제2조 부터 제9조까지 생략

제10조(다른 법률의 개정) ①부터 ⑥까지 생략

⑦ 양곡관리법 일부를 다음과 같이 개정한다.

제19조제4항 중 “「주세법」”을 “「주류 면허 등에 관한 법률」”로 한다.

⑧부터 ⑪까지 생략

제11조 생략

부칙 〈제18525호, 2021. 11. 30.〉 (농수산물의 원산지 표시 등에 관한 법률)

제1조(시행일) 이 법은 2022년 1월 1일부터 시행한다.

제2조 및 제3조 생략

제4조(다른 법률의 개정) ①부터 ⑥까지 생략

⑦ 양곡관리법 일부를 다음과 같이 개정한다.

제9조의2제4호 중 “「농수산물의 원산지 표시에 관한 법률」”을 “「농수산물의 원산지 표시 등에 관한 법률」”로 한다.

제21조제1항제9호 및 제9호의2 중 “「농수산물의 원산지 표시에 관한 법률」”을 각각 “「농수산물의 원산지 표시 등에 관한 법률」”로 한다.

⑧ 및 ⑨ 생략

제5조 생략

부칙 〈제21032호, 2025. 8. 26.〉

제1조(시행일) 이 법은 공포 후 1년이 경과한 날부터 시행한다. 다만, 제16조제6항 및 제8항의 개정규정은 공포한 날부터 시행한다.

제2조(다른 법률의 개정) 농수산물 품질관리법 일부를 다음과 같이 개정한다.

제11조제1항제1호 중 “미곡종합처리장”을 “양곡종합처리장”으로 한다.

양곡관리법 시행령

[시행 2025. 10. 1.] [대통령령 제35811호, 2025. 10. 1., 타법개정]

**개정 예정 법률 밑줄 별도 표시.

양곡관리법 시행령

[시행 2025. 10. 1.] [대통령령 제35811호, 2025. 10. 1., 타법개정]

제1조(목적) 이 영은 「양곡관리법」에서 위임된 사항과 그 시행에 필요한 사항을 규정함을 목적으로 한다. 〈개정 2005. 6. 30., 2008. 1. 31.〉

제2조(곡류 등) ① 「양곡관리법」(이하 "법"이라 한다) 제2조제1호에서 "대통령령으로 정하는 곡류(穀類) · 서류(薯類)"란 다음 각 호의 것을 말한다. 〈개정 2019. 7. 2.〉

1. 두류(豆類) · 조 · 좁쌀 · ~~수수~~ · ~~수수쌀~~ · ~~옥수수~~ · 메밀 · 귀리 · 율무 · 율무쌀 · 기장 · 기장쌀

2. 미곡(米穀) · 맥류(麥類) 및 제1호에 규정된 곡류의 교잡(交雜)곡물

3. 감자 · 고구마

② 법 제2조제1호에서 "대통령령으로 정하는 것"이란 다음 각 호의 것을 말한다.

1. 미곡 · 맥류 및 제1항에 규정된 곡류 · 서류의 압착물, 분쇄물 또는 가루의 응집물

2. 제1호에 규정된 분쇄물 또는 가루가 다른 식품과 성분이 변하지 아니한 상태로 혼합된 것

3. 제1호에 규정된 분쇄물 또는 가루나 제2호의 혼합물을 물만

사용하여 반죽한 것

4. 전분류(澱粉類)를 변성(變性)시킨 것

③ 법 제2조제3호에서 "대통령령으로 정하는 양곡"이란 밀과 콩을 말한다. 〈신설 2013. 9. 17.〉

[전문개정 2009. 9. 29.]

제2조의2(양곡연도) 정부의 양곡연도는 전년도 11월 1일부터 해당 연도 10월 31일까지로 한다.

[전문개정 2009. 9. 29.]

제2조의3(정부관리양곡 수급계획의 고시) 농림축산식품부장관은 법 제3조제3항에 따라 정부관리양곡의 수급계획이 확정되면, 같은 조 제4항에 따라 그 내용을 관보에 고시하여야 한다. 〈개정 2013. 3. 23.〉

[전문개정 2009. 9. 29.]

제3조(생산자 등의 범위) ① 법 제4조제1항에 따른 생산자는 다음 각 호와 같다. 〈개정 2015. 12. 22.〉

1. 「농업·농촌 및 식품산업 기본법」 제3조제2호에 따른 농업인

2. 「농어업경영체 육성 및 지원에 관한 법률」 제16조에 따른 영농조합법인

3. 「농어업경영체 육성 및 지원에 관한 법률」 제19조에 따른 농업회사법인

② 법 제4조제1항에 따른 소유자는 다음 각 호와 같다. 〈개정 2013. 3. 23., 2017. 6. 27.〉

1. 「농업협동조합법」에 따른 농업협동조합, 조합공동사업법인 및 농협경제지주회사

2. 법 제22조제2항에 따른 미곡종합처리장을 운영하는 자

3. 그 밖의 양곡매매업자 등 양곡의 수급 조절을 위하여 농림축산식품부장관이 필요하다고 인정하는 자

[전문개정 2009. 9. 29.]

제4조 삭제 〈2005. 6. 30.〉

제5조(선금 및 약정이자) ① 농림축산식품부장관은 법 제4조제2항에 따라 매입약정을 체결한 생산자 또는 소유자 중 선금 지급을 희망하는 자에게는 매입약정금액의 100분의 60의 범위에서 선금을 지급할 수 있다. 〈개정 2013. 3. 23.〉

② 선금을 지급받은 생산자 또는 소유자가 약정의 이행을 원하지 아니하는 경우에 법 제4조제3항에 따라 선금에 더하여 반납하여야 하는 약정이자는 매입 약정량 중 이행을 원하지 아니하는 양에 상당하는 선금에 연 5퍼센트의 이자율을 곱하여 산정한 금액으로 한다. 〈개정 2013. 9. 17.〉

[전문개정 2009. 9. 29.]

제5조의2 삭제 〈2005. 6. 30.〉

제6조 삭제 〈2005. 6. 30.〉

제7조 삭제 〈2005. 6. 30.〉

제8조 삭제 〈2005. 6. 30.〉

제9조 삭제 〈2005. 6. 30.〉

제9조의2 삭제 〈2005. 6. 30.〉

제10조(정부관리양곡의 판매 용도) 법 제9조제1항제5호에서 “대통령령으로 정하는 용도”란 다음 각 호와 같다. 〈개정 2017. 9. 19.〉

1. 구호용

2. 재고정리 및 긴급처분용

3. 사료용

4. 수입 대체용

5. 수출용

6. 시험연구용

7. 가공품 개발용

8. 해외원조용

[전문개정 2009. 9. 29.]

第11조(정부관리양곡의 외상 판매) ① 법 제9조제1항 각 호 외의 부분 후단에 따라 대금을 받기 전에도 양곡을 인도할 수 있는 용도는 다음 각 호와 같다. 〈개정 2013. 9. 17.〉

1. 국가기관용과 공공용

2. 구호용(재해 등 긴급히 인도할 필요가 있는 경우만 해당한다)

3. 재고정리 및 긴급처분용

4. 수입 대체용

5. 일반판매용

6. 가공용과 사료용

② 제1항에 따른 용도로 외상 판매하는 경우 기간 및 조건은 농림축산식품부장관이 정한다. 〈개정 2013. 3. 23.〉

[전문개정 2009. 9. 29.]

第12조(판매가격의 고시) 법 제9조제2항에 따라 농림축산식품부장관이 정부관리양곡의 판매가격을 정하였을 때에는 지체 없이 이를 고시하여야 한다. 다만, 해당 양곡의 매수자가 특정한 범위의 소수(少數)로 한정되는 경우에는 판매가격을 고시하지 않을 수 있다. 〈개정 2013. 3. 23.〉

[전문개정 2009. 9. 29.]

제13조 삭제 〈1999. 7. 29.〉

제13조의2(시장가격의 기준) 법 제10조제3항에 따른 시장가격은 공개입찰을 통하여 결정된 가격이나 매입 및 판매 당시 국가데이터처장이 조사한 가격(국가데이터처장이 조사한 가격이 없는 경우에는 농림축산식품부장관이 조사한 도매시장 가격이나 실제 거래가격을 말한다)을 기준으로 한다. 이 경우 농림축산식품부장관은 필요한 경우 가격의 조사방법 등에 관하여 국가데이터처장에게 의견을 제시할 수 있다. 〈개정 2013. 3. 23., 2013. 9. 17., 2025. 10. 1.〉

[전문개정 2009. 9. 29.]

제14조(수입의 허가) ① 법 제12조제1항에서 "대통령령으로 정하는 양곡"이란 다음 각 호의 것을 말한다.

1. 미곡의 압착물, 분쇄물 또는 가루의 응집물

2. 미곡의 분쇄물 또는 가루가 다른 식품과 성분이 변하지 아니한 상태로 혼합된 것

3. 미곡의 분쇄물 또는 가루나 제2호의 혼합물을 물만 사용하여 반죽한 것

② 법 제12조제1항에 따라 허가대상미곡등을 수입하려는 자는 미곡등수입허가 신청서(전자문서로 된 신청서를 포함한다)를 농림축산식품부장관에게 제출하여야 한다. 〈개정 2013. 3. 23.〉

[전문개정 2009. 9. 29.]

제14조의2(결손처분) 법 제13조의2제4항제3호에서 "체납자의 사망 또는 행방불명 등 대통령령으로 정하는 바에 따라 징수할 가능성이 없다고 인정되는 경우"란 다음 각 호의 어느 하나에 해당하는 경우를 말한다.

1. 체납자가 사망한 경우로서 징수할 가능성이 없다고 인정되는 경우

2. 체납자가 「민법」 제27조에 따라 실종선고를 받은 경우로서 징수할 가능성이 없다고 인정되는 경우

3. 체납자의 행방이 불분명하거나 재산이 없다는 것이 판명된 경우

[전문개정 2009. 9. 29.]

제15조 삭제 〈1999. 7. 29.〉

제16조(가격안정을 위한 양곡의 매입 및 판매) ① 법 제16조제3항에서 "대통령령으로 정하는 자"란 다음 각 호의 어느 하나에 해당하는 자를 말한다. 〈개정 2012. 1. 25., 2013. 3. 23., 2020. 7. 28.〉

1. 「한국농수산식품유통공사법」에 따른 한국농수산식품유통공사(이하 "한국농수산식품유통공사"라 한다)

2. 미곡종합처리장시설을 갖춘 양곡가공업자

3. 그 밖에 양곡의 출하 및 가격 조절을 위하여 필요하다고 인정하여 농림축산식품부장관이 정하는 자

② 법 제16조제4항 단서에서 "미곡 가격이 급격하게 변동되거나

변동이 예상되는 경우 등 대통령령으로 정하는 경우"란 다음 각 호의 어느 하나에 해당하는 경우를 말한다. 〈신설 2020. 7. 28.〉

1. 미곡의 과잉 생산 등으로 해당 연도의 미곡에 대한 수요량을 초과하는 미곡의 생산량이 농림축산식품부장관이 정하여 고시하는 수준 이상이 되어 미곡 가격이 급격하게 하락하거나 하락이 예상되는 경우

2. 제1호 외의 요인으로 미곡 가격이 농림축산식품부장관이 정하여 고시하는 수준 이하로 하락하거나 하락이 예상되는 경우

[전문개정 2009. 9. 29.]

제17조(가격안정을 위한 미곡 재배면적 관리) 농림축산식품부장관은 법 제16조의2에 따라 미곡 재배면적을 조정하게 하려는 경우에는 조정대상 재배면적, 조정방법 및 그 밖의 재배면적 조정에 필요한 사항에 대해 기획재정부장관 및 「농업·농촌 및 식품산업 기본법」 제3조제4호에 따른 생산자단체의 대표 등과 협의를 거쳐야 한다.

[본조신설 2020. 7. 28.]

제18조 삭제 〈1999. 7. 29.〉

제19조 삭제 〈1999. 7. 29.〉

제20조 삭제 〈1999. 7. 29.〉

제21조(양곡가공업의 신고) ① 법 제19조제1항 전단에서 "대통령령으로 정하는 양곡가공업"이란 다음 각 호와 같다. 〈개정 2010. 3. 15., 2013. 3. 23.〉

1. 제분업(서류를 제외한 양곡을 원료로 하여 가루를 제조하는 업을 말한다)

2. 제조업(콩과 옥수수를 원료로 하는 가공업 중 농림축산식품부장관이 보건복지부장관과 협의하여 농림축산식품부령으로 정하는 규모 이상의 제조업을 말한다)

3. 농림축산식품부령으로 정하는 규모 이상의 도정업[정미(精米)·정맥(精麥)·밀쌀·압맥(壓麥) 또는 할맥(割麥)을 하는 업을 말한다]

② 법 제19조제1항 후단에서 "대통령령으로 정하는 사항"이란 다음 각 호와 같다.

1. 영업자의 성명(법인인 경우에는 그 대표자의 성명을 말한다)

2. 업체명

3. 업체의 소재지

4. 업체의 가공능력

③ 법 제19조제4항에서 "대통령령으로 정하는 양곡가공업"이란 다음 각 호와 같다. 다만, 제1항제2호에 해당하는 제조업은 제외한다. 〈개정 2020. 7. 28., 2021. 2. 17.〉

1. 「주류 면허 등에 관한 법률」에 따른 제조면허를 받은 자: 주류제조업

2. 「식품위생법」에 따른 영업허가를 받은 자: 조미식품제조업(된장, 간장 및 고추장을 제조하는 업만 해당한다), 과자류제조업, 두부류제조업, 식용유지제조업, 면류제조업, 첨가물제조업, 당류제조업 및 원료식품가공업(전분류를 제조하는 업만 해당한다)

[전문개정 2009. 9. 29.]

제22조 삭제 〈1999. 7. 29.〉

제23조(양곡가공업자에 대한 명령) 농림축산식품부장관은 양곡가공

업자에게 법 제20조에 따른 명령을 할 때에는 그 기간과 지역 및 내용을 정하여 고시하여야 한다. 〈개정 2013. 3. 23.〉

[전문개정 2009. 9. 29.]

제24조 삭제 〈2009. 9. 29.〉

제25조 삭제 〈2009. 9. 29.〉

제26조 삭제 〈2009. 9. 29.〉

제27조 삭제 〈2009. 9. 29.〉

제28조 삭제 〈2009. 9. 29.〉

제29조 삭제 〈2009. 9. 29.〉

제30조 삭제 〈2009. 9. 29.〉

제30조의2(부채의 상환관리) 법 제25조의2에 따라 부채 중 원금은 상환기일에 현금으로 한꺼번에 상환한다. 다만, 농림축산식품부장관은 상환기간이 끝나기 전에 부채 중 원금의 전부나 일부를 상환할 필요가 있다고 인정하는 경우에는 다음 각 호의 사항을 구체적으로 밝혀 기획재정부장관과 협의하여 상환할 수 있다. 〈개정 2013. 3. 23.〉

1. 상환 예정일
2. 상환할 부채의 내용
3. 상환 원금 및 그 이자
4. 그 밖에 상환에 필요한 사항

[본조신설 2009. 9. 29.]

제30조의3(양곡증권정리기금계정의 설치) 농림축산식품부장관은 법 제25조에 따른 양곡증권정리기금(이하 "기금"이라 한다)의 수입과 지출을 명백히 하기 위하여 한국은행에 기금계정을 설치하여야 한

다. 〈개정 2013. 3. 23.〉

[본조신설 2009. 9. 29.]

제30조의4(기금의 용도) 법 제25조의3제2항제2호에서 "대통령령으로 정하는 것"이란 차입금의 이자를 말한다.

[본조신설 2009. 9. 29.]

제31조(융자 및 보조 대상사업) ① 법 제26조에 따라 예산의 범위에서 필요한 자금을 융자하거나 보조금을 지급할 수 있는 사업의 범위는 다음 각 호와 같다.

1. 국민 식생활의 개선 및 양곡 수급의 안정을 위하여 양곡을 가공·판매하는 사업 중 원료 양곡의 가격이 상승하여 결손이 생기는 사업

2. 정부가 국민 식생활을 개선하기 위하여 비영리법인에 위탁하는 사업

3. 양곡 시장의 개설 및 운영에 관한 사업

4. 양곡의 유통개선에 관한 조사·연구사업

5. 양곡관리 방법 및 시설의 개선에 관한 사업

6. 정부관리양곡의 보관이나 양곡의 조제를 위한 설비 및 장비의 개선에 관한 사업

② 제1항에 따른 융자금의 이자 등 융자 조건에 관하여는 미리 기획재정부장관과 협의하여야 한다.

[전문개정 2009. 9. 29.]

제32조(감독) 농림축산식품부장관은 법 제27조제1항에 따라 양곡의 소유자, 양곡매매업자, 양곡가공업자와 양곡을 수출·수입·보관 또

는 수송하는 자에게 보고 접수기관, 보고기한 및 보고 대상자의 범위를 정하여 다음 각 호의 구분에 따른 보고를 명할 수 있다. 〈개정 2013. 3. 23., 2019. 7. 2.〉

1. 양곡의 소유자: 양곡 소유량

2. 양곡매매업자: 양곡의 매매가격 및 양곡의 종류별 재고량

3. 양곡가공업자: 원료 양곡의 구매, 제품의 생산 · 포장 · 판매 · 재고량

4. 양곡의 수출입업자: 수출입 국가별 수출입 물량 및 그 가격과 수입된 양곡의 용도

5. 양곡의 보관업자: 보관 양곡의 품질 상태, 재고량, 입고량, 출고량 및 사고(事故)량

6. 양곡의 수송업자: 수송 양곡의 출발지 · 도착지별 수송량, 화물주명, 보관량, 사고량, 수송 수단 및 수송 능력

[전문개정 2009. 9. 29.]

제32조의2(포상금의 지급) ① 법 제27조의3에 따른 포상금은 같은 조 각 호의 어느 하나에 해당하는 위반사항을 관계 행정기관이나 수사기관에 신고 또는 고발한 자에게 100만원의 범위에서 지급한다.

② 제1항에 따른 포상금 지급의 기준, 방법 및 절차 등은 농림축산식품부장관이 정하여 고시한다. 〈개정 2013. 3. 23.〉

[전문개정 2009. 9. 29.]

제33조 삭제 〈1997. 12. 31.〉

제34조(권한의 위임 · 위탁) ① 농림축산식품부장관은 법 제29조제1

항에 따라 다음 각 호의 권한을 특별시장·광역시장·도지사 또는 특별자치도지사에게 위임한다. 〈개정 2013. 3. 23., 2015. 6. 30.〉

1. 법 제9조제1항에 따른 정부관리양곡의 국가기관용·공공용으로의 판매

1의2. 법 제9조제1항에 따른 정부관리양곡의 가공용으로의 판매[판매를 위한 「쌀가공산업 육성 및 쌀 이용 촉진에 관한 법률」 제2조제3호에 따른 쌀가공업자(이하 "쌀가공업자"라 한다)에 대한 공급물량 배정에 관한 사무는 제외한다]

2. 법 제27조제1항 각 호에 따른 양곡의 소유자, 양곡매매업자, 양곡가공업자와 양곡을 수출·수입·보관 또는 수송하는 자에 대한 감독과 조사 공무원에 대한 증표 발행(제2항제1호에 따른 감독과 조사 공무원에 대한 증표 발행은 제외한다)

3. 법 제36조제1항제5호에 해당하는 자에 대한 과태료의 부과 및 징수

② 농림축산식품부장관은 법 제29조제1항에 따라 다음 각 호의 권한을 국립농산물품질관리원장에게 위임한다. 〈개정 2013. 3. 23., 2015. 6. 30.〉

1. 법 제27조제1항제1호부터 제3호까지에 해당하는 양곡의 소유자, 양곡매매업자와 양곡가공업자에 대한 감독(법 제9조제4항에 따른 지정된 용도 외의 사용·처분에 관한 조사, 법 제20조의2 및 제20조의3에 따른 표시·광고에 관한 조사와 법 제20조의4제2항에 따른 혼합 유통·판매에 관한 조사에 한정한다)과 조사 공무원에 대한 증표 발행

2. 법 제27조의2에 따른 명예감시원의 위촉 및 운영

3. 법 제27조의3에 따른 포상금의 지급

4. 법 제36조제1항제6호에 해당하는 자에 대한 과태료의 부과 및 징수

③ 국립농산물품질관리원장은 제2항에 따라 위임받은 권한의 일부를 「정부조직법」 제6조제1항 후단에 따라 소속 기관의 장에게 재위임한 경우에는 그 내용을 고시하여야 한다.

④ 농림축산식품부장관은 법 제29조제2항에 따라 다음 각 호의 사무를 한국농수산식품유통공사, 농업 관련 기관 또는 농업 관련 단체에 위탁할 수 있다. 〈개정 2012. 1. 25., 2013. 3. 23., 2015. 6. 30.〉

1. 법 제9조제1항에 따른 정부관리양곡의 가공용으로의 판매(판매를 위한 쌀가공업자에 대한 공급물량 배정에 관한 사무로 한정한다)

2. 법 제10조제1항에 따른 공공비축양곡 중 「아세안 및 한·중·일 비상 쌀 비축 협정」에 따른 양곡의 비축·운용(매입·보관·수송·판매·원조에 관한 사무를 포함한다)

3. 법 제11조에 따른 양곡(미곡에 한정한다)의 수입(수입에 따른 수송 및 보관에 관한 사무를 포함한다)

4. 법 제11조에 따라 수입한 양곡(미곡에 한정한다)의 법 제9조제1항에 따른 판매(국가기관용·가공용·공공용으로의 판매는 제외한다)

⑤ 농림축산식품부장관은 제4항에 따라 업무를 위탁하는 경우에는 그 수탁자 및 위탁업무 등을 고시하여야 한다. 〈신설 2015. 6. 30.〉

[전문개정 2009. 9. 29.]

제34조의2(고유식별정보의 처리) ① 농림축산식품부장관(법 제24조에 따라 농림축산식품부장관의 업무를 대행하는 자와 이 영 제34조에 따라 농림축산식품부장관의 권한을 위임·위탁 또는 재위임받은 자를 포함한다)은 다음 각 호의 사무를 수행하기 위하여 불가피한 경우 「개인정보 보호법 시행령」 제19조제1호에 따른 주민등록번호가 포함된 자료를 처리할 수 있다. 〈개정 2020. 7. 28.〉

1. 법 제4조에 따른 양곡의 매입에 관한 사무
2. 법 제9조에 따른 정부관리양곡의 판매에 관한 사무
3. 법 제9조의2에 따른 정부관리양곡 매입자격의 제한에 관한 사무
4. 법 제10조에 따른 공공비축양곡의 매입 및 판매에 관한 사무
5. 법 제16조에 따른 양곡의 매입·판매에 관한 사무
6. 법 제22조제2항 및 제26조에 따른 융자 또는 보조금 지급에 관한 사무
7. 법 제27조에 따른 감독에 관한 사무
8. 법 제27조의3에 따른 포상금의 지급에 관한 사무

② 농림축산식품부장관(제34조에 따라 농림축산식품부장관의 권한을 위임 또는 재위임받은 자를 포함한다), 특별시장·광역시장·도지사·특별자치도지사·시장·군수 또는 구청장(해당 권한이 위임·위탁된 경우에는 그 권한을 위임·위탁받은 자를 포함한다)은 법 제27조의2에 따른 명예감시원 운영에 관한 사무를 수행하기 위하여 불가피한 경우 「개인정보 보호법 시행령」 제19조제1호에 따른 주민등록번호가 포함된 자료를 처리할 수 있다.

[본조신설 2014. 8. 6.]

제35조(과태료의 부과기준) 법 제36조제2항에 따른 과태료의 부과기준은 별표와 같다.

[전문개정 2009. 9. 29.]

부칙 〈제14224호, 1994. 4. 30.〉

제1조 (시행일) 이 영은 공포한 날부터 시행한다. 다만, 제21조 및 이와 관련되는 양곡가공업에 관한 규정은 1995년 1월 6일부터 시행한다.

제2조 (다른 법령의 폐지) 대통령령 제5373호 양곡관리기금법시행령은 이를 폐지한다.

제3조 (다른 법령의 개정) ①미강착유장려법시행령중 다음과 같이 개정한다.

제1조중 "양곡관리법 제16조 및 동시행령 제14조의 규정에 의하여 허가를 받은 도정업자"를 "양곡관리법 제19조제1항의 규정에 의하여 등록된 도정업자"로 한다.

②농수산물유통및가격안정에관한법률시행령중 다음과 같이 개정한다.

제18조제2항제4호중 "양곡관리법 제15조의3의 규정에 의한 양곡도매업의 허가를 받지 아니한 자"를 "양곡관리법 제18조의 규정에 의한 양곡도매업의 신고를 하지 아니한 자"로 한다.

③식품위생법시행령중 다음과 같이 개정한다.

제7조제1호 커목(1)의 단서중 "양곡관리법 제16조의 규정에 의한 제분업허가를 얻은 자가"를 "양곡관리법 제19조의 규정에 의한 제

분업의 등록을 한 자가"로 하고, 동목(2)의 (가)중 "양곡관리법 제16조의 규정에 의하여 허가를 받았거나 신고를 한"을 "양곡관리법 제19조의 규정에 의하여 등록을 한"으로 한다.

제4조 (다른 법령과의 관계) 이 영 시행당시 다른 법령에서 종전의 양곡관리법시행령의 규정을 인용한 경우에 이 영중 그에 해당하는 규정이 있는 때에는 종전의 규정에 갈음하여 이 영 또는 이 영의 해당조항을 인용한 것으로 본다.

부칙 〈제14438호, 1994. 12. 23.〉 (재정경제원과그소속기관직제)

제1조 (시행일) 이 영은 공포한 날부터 시행한다.

제2조 내지 제4조 생략

제5조 (다른 법령의 개정) ①내지 〈166〉생략

〈167〉양곡관리법시행령중 다음과 같이 개정한다.

제31조제2항중 '재무부장관'을 '재정경제원장관'으로 한다.

〈168〉내지 〈327〉생략

부칙 〈제14446호, 1994. 12. 23.〉 (보건복지부와그소속기관직제)

제1조 (시행일) 이 영은 공포한 날부터 시행한다. 〈단서 생략〉

제2조 생략

제3조 (다른 법령의 개정) ①내지 〈60〉생략

〈61〉 양곡관리법시행령중 다음과 같이 개정한다.

제21조제1호중 “보건사회부장관”을 “보건복지부장관”으로 한다.
〈62〉내지 〈140〉생략

부칙 〈제14489호, 1994. 12. 31.〉
이 영은 세계무역기구(WTO)설립을 위한 마라케쉬협정의 효력이 국내에서 발생되는 날부터 시행한다.

부칙 〈제14886호, 1995. 12. 30.〉
이 영은 공포한 날부터 시행한다.

부칙 〈제15135호, 1996. 8. 8.〉 (해양수산부와그소속기관직제)
제1조 (시행일) 이 영은 공포한 날부터 시행한다.
제2조 내지 제6조 생략
제7조 (다른 법령의 개정) ①내지 〈76〉생략
〈77〉양곡관리법시행령중 다음과 같이 개정한다.
제3조, 제5조, 제6조제1항 · 제2항, 제7조제2항 내지 제4항, 제8조, 제9조제1항 · 제3항, 제10조제6호, 제11조제1항제6호 · 제2항, 제12조, 제13조, 제14조제2항, 제15조제1항 · 제3항제4호, 제16조제3호, 제17조,, 제21조제1호, 제23조, 제24조제3호, 제25조제2항, 제27조제1항 · 제4항, 제32조, 제34조 및 제35조제2항중 “농림수산부장관”을 각각 “농림부장관”으로 한다.
제24조중 “농림수산부”을 “농림부”로 한다.

제21조 본문 · 제1호, 제22조 및 제35조제4항중 "농림수산부령"을 각각 "농림부령"으로 한다.

〈78〉내지 〈116〉생략

제8조 생략

부칙 〈제15266호, 1997. 2. 1.〉

이 영은 공포한 날부터 시행한다.

부칙 〈제15598호, 1997. 12. 31.〉 (행정절차법의시행에따른 관세법시행령등의개정령)

이 영은 1998년 1월 1일부터 시행한다.

부칙 〈제16491호, 1999. 7. 29.〉

①(시행일) 이 영은 공포한 날부터 시행한다.

②(다른 법령의 폐지) 다음 각호의 대통령령은 이를 폐지한다.

1. 농업정보통계심의위원회규정

2. 가축방역대책위원회규정

③(다른 법령의 개정) 식품위생법시행령중 다음과 같이 개정한다.

제9조제1항제2호를 다음과 같이 한다.

2. 양곡관리법에 의한 양곡가공업중 도정업 및 제분업을 하는 경우

부칙 〈제16646호, 1999. 12. 28.〉 (농업 · 농촌기본법시행령)

제1조 (시행일) 이 영은 2000년 1월 1일부터 시행한다.

제2조 및 제3조 생략

제4조 (다른 법령의 개정) ①내지 ⑥생략

⑦양곡관리법시행령중 다음과 같이 개정한다.

제3조제1항 각호를 다음과 같이 한다.

1. 농업·농촌기본법 제3조제2호의 규정에 의한 농업인
2. 농업·농촌기본법 제15조의 규정에 의한 영농조합법인
3. 농업·농촌기본법 제16조의 규정에 의한 농업회사법인

⑧및 ⑨생략

제5조 생략

부칙 〈제17325호, 2001. 7. 30.〉

이 영은 공포한 날부터 시행한다.

부칙 〈제17673호, 2002. 7. 13.〉

이 영은 2002년 7월 15일부터 시행한다.

부칙 〈제18925호, 2005. 6. 30.〉

①(시행일) 이 영은 2005년 7월 1일부터 시행한다.

②(다른 법령의 폐지) 비축양곡관리규정은 이를 폐지한다.

부칙 〈제20506호, 2007. 12. 31.〉 (전자적 업무처리의 활성화를 위한 국유재산법 시행령 등 일부개정령)

이 영은 공포한 날부터 시행한다.

부칙 〈제20576호, 2008. 1. 31.〉

제1조 (시행일) 이 영은 2008년 2월 4일부터 시행한다. 다만, 제3조제1항제1호부터 제3호까지의 개정규정은 2008년 6월 22일부터 시행한다.

제2조 (과태료에 관한 경과조치) 이 영 시행 전의 행위에 대한 과태료의 적용에 있어서는 종전의 규정에 따른다.

부칙 〈제20677호, 2008. 2. 29.〉 (농림수산식품부와 그 소속기관 직제)

제1조(시행일) 이 영은 공포한 날부터 시행한다.

제2조 부터 제6조까지 생략

제7조(다른 법령의 개정) ① 부터 ㊱ 까지 생략

㊲ 양곡관리법 시행령 일부를 다음과 같이 개정한다.

제21조제1항제2호 중 "보건복지부장관"을 "보건복지가족부장관"으로 한다.

제31조제2항 중 "재정경제부장관"을 "기획재정부장관"으로 한다.

제2조의3, 제3조제2항제3호, 제5조제1항, 제11조제2항, 제12조 본문, 제14조제2항, 제16조제3호, 제21조제1항제2호, 제23조, 제24조제3호, 제25조제2항, 제27조제1항 · 제4항, 제32조 각 호 외의 부분, 제32조의2제2항, 제34조제1항 · 제2항 각 호 외의 부분 및 제35조제2항 전단 중 "농림부장관"을 각각 "농림수산식품부장관"으로

한다.

제13조의2, 제21조제1항제2호 · 제2항 · 제4항 및 제35조제4항 중 "농림부령"을 각각 "농림수산식품부령"으로 한다.

㊳ 부터 〈59〉 까지 생략

부칙 〈제21758호, 2009. 9. 29.〉

제1조(시행일) 이 영은 2009년 10월 2일부터 시행한다. 다만, 제2조의3 및 제23조부터 제30조까지의 개정규정은 공포한 날부터 시행한다.

제2조(다른 법령의 폐지) 양곡증권정리기금법시행령은 폐지한다.

제3조(경과조치) 2009년 11월 27일까지는 제3조제1항제1호의 개정규정 중 "「농어업 · 농어촌 및 식품산업 기본법」 제3조제2호가목에 따른 농업인"은 "「농업 · 농촌 및 식품산업 기본법」 제3조제2호에 따른 농업인"으로 본다.

부칙 〈제22075호, 2010. 3. 15.〉 (보건복지부와 그 소속기관 직제)

제1조(시행일) 이 영은 2010년 3월 19일부터 시행한다. 〈단서 생략〉

제2조(다른 법령의 개정) ① 부터 〈105〉 까지 생략

〈106〉 양곡관리법 시행령 일부를 다음과 같이 개정한다.

제21조제1항제2호 중 "보건복지가족부장관"을 "보건복지부장관"으로 한다.

〈107〉 부터 〈187〉 까지 생략

부칙 〈제23535호, 2012. 1. 25.〉 (한국농수산식품유통공사법 시행령)

제1조(시행일) 이 영은 2012년 1월 26일부터 시행한다.

제2조(다른 법령의 개정) ①부터 ⑮까지 생략

⑯ 양곡관리법 시행령 일부를 다음과 같이 개정한다.

제16조제1호를 다음과 같이 한다.

1. 「한국농수산식품유통공사법」에 따른 한국농수산식품유통공사(이하 "한국농수산식품유통공사"라 한다)

제34조제4항 각 호 외의 부분 중 "농수산물유통공사"를 "한국농수산식품유통공사"로 한다.

⑰부터 ㉘까지 생략

제3조 생략

부칙 〈제24455호, 2013. 3. 23.〉 (농림축산식품부와 그 소속기관 직제)

제1조(시행일) 이 영은 공포한 날부터 시행한다. 〈단서 생략〉

제2조 부터 제5조까지 생략

제6조(다른 법령의 개정) ①부터 ㊿까지 생략

〈51〉 양곡관리법 시행령 일부를 다음과 같이 개정한다.

제2조의3, 제3조제2항제3호, 제5조제1항, 제11조제2항, 제12조 본문, 제13조의2 후단, 제14조제2항, 제16조제3호, 제21조제1항제2호, 제23조, 제30조의2 각 호 외의 부분 단서, 제30조의3, 제32조 각 호 외의 부분, 제32조의2제2항, 제34조제1항 각 호 외의 부

분, 같은 조 제2항 각 호 외의 부분, 같은 조 제4항 각 호 외의 부분 및 별표 제1호 본문 중 "농림수산식품부장관"을 각각 "농림축산식품부장관"으로 한다.

제21조제1항제2호 및 제3호 중 "농림수산식품부령"을 각각 "농림축산식품부령"으로 한다.

〈52〉부터 〈76〉까지 생략

부칙 〈제24752호, 2013. 9. 17.〉

이 영은 2013년 9월 23일부터 시행한다.

부칙 〈제25532호, 2014. 8. 6.〉 (민감정보 및 고유식별정보 처리 근거 마련을 위한 공공기관의 운영에 관한 법률 시행령 등 일부개정령)

이 영은 2014년 8월 7일부터 시행한다.

부칙 〈제26355호, 2015. 6. 30.〉

이 영은 2015년 7월 7일부터 시행한다.

부칙 〈제26754호, 2015. 12. 22.〉 (수산업·어촌 발전 기본법 시행령)

제1조(시행일) 이 영은 2015년 12월 23일부터 시행한다.

제2조(다른 법령의 개정) ①부터 ㉜까지 생략

㉝ 양곡관리법 시행령 일부를 다음과 같이 개정한다.

제3조제1항제1호 중 “「농어업ㆍ농어촌 및 식품산업 기본법」 제3조제2호가목”을 “「농업ㆍ농촌 및 식품산업 기본법」 제3조제2호”로 한다.

㉞부터 ㊷까지 생략

제3조 생략

부칙 〈제28152호, 2017. 6. 27.〉 (농업협동조합법 시행령)

제1조(시행일) 이 영은 공포한 날부터 시행한다.

제2조(다른 법령의 개정) ①부터 ⑪까지 생략

⑫ 양곡관리법 시행령 일부를 다음과 같이 개정한다.

제3조제2항제1호 중 “농업협동조합중앙회”를 “농협경제지주회사”로 한다.

⑬부터 ⑰까지 생략

부칙 〈제28313호, 2017. 9. 19.〉

이 영은 공포한 날부터 시행한다.

부칙 〈제29950호, 2019. 7. 2.〉 (어려운 법령용어 정비를 위한 210개 법령의 일부개정에 관한 대통령령)

이 영은 공포한 날부터 시행한다. 〈단서 생략〉

부칙 〈제30871호, 2020. 7. 28.〉

이 영은 2020년 7월 30일부터 시행한다. 다만, 제21조제3항 및 별표 제2호다목의 개정규정은 공포한 날부터 시행한다.

부칙 〈제31450호, 2021. 2. 17.〉 (주류 면허 등에 관한 법률 시행령)

제1조(시행일) 이 영은 공포한 날부터 시행한다.

제2조 부터 제4조까지 생략

제5조(다른 법령의 개정) ①부터 ③까지 생략

④ 양곡관리법 시행령 일부를 다음과 같이 개정한다.

제21조제3항제1호 중 "「주세법」"을 "「주류 면허 등에 관한 법률」"로 한다.

⑤부터 ⑧까지 생략

제6조 생략

부칙 〈제35811호, 2025. 10. 1.〉 (정부조직 개편 반영을 위한 306개 법령의 일부개정에 관한 대통령령)

이 영은 공포한 날부터 시행한다. 다만, 이 영에 따라 개정되는 대통령령 중 이 영 시행 전에 공포되었으나 시행일이 도래하지 아니한 대통령령을 개정한 부분은 각각 해당 대통령령의 시행일부터 시행한다.

별표 / 서식

[별표] 과태료의 부과기준(제35조 관련)

양곡관리법 시행규칙

[시행 2023. 7. 21.] [농림축산식품부령 제597호, 2023. 7. 21., 일부개정]

**개정 예정 법률 밑줄 별도 표시.

양곡관리법 시행규칙

[시행 2023. 7. 21.] [농림축산식품부령 제597호, 2023. 7. 21., 일부개정]

제1조(목적) 이 규칙은 「양곡관리법」 및 같은 법 시행령에서 위임된 사항과 그 시행에 필요한 사항을 규정함을 목적으로 한다.

[전문개정 2009. 10. 1.]

제1조의2(부대비용의 범위) 「양곡관리법」(이하 "법"이라 한다) 제5조제2항에서 "농림축산식품부령으로 정하는 부대비용"이란 다음 각 호와 같다. 〈개정 2013. 3. 23.〉

1. 보관료
2. 이자
3. 입출고료
4. 상하차료
5. 그 밖의 운송료 등 농림축산식품부장관이 필요하다고 인정하는 부대비용

[전문개정 2009. 10. 1.]

제1조의3(정부관리양곡의 용도별 매입자격기준) 법 제9조제5항에 따른 정부관리양곡을 용도에 따라 매입할 수 있는 자의 자격기준은 별표 1과 같다.

[전문개정 2009. 10. 1.]

제1조의4(정부관리양곡의 매입자격 제한기준) ① 법 제9조의2제5호에서 “농림축산식품부령으로 정하는 사항을 지키지 아니한 경우”란 다음 각 호의 어느 하나에 해당하는 경우를 말한다. 〈개정 2013. 3. 23.〉

1. 법 제27조제1항을 위반하여 보고 또는 자료제출 명령을 이행하지 아니하거나 관계 공무원의 조사를 거부·방해 또는 기피한 경우

2. 양곡관리대장을 작성·비치하지 아니하거나 거짓으로 작성한 경우

② 법 제9조의2에 따른 정부관리양곡의 매입자격 제한기준은 별표 2와 같다.

[전문개정 2009. 10. 1.]

제1조의5 삭제 〈2009. 10. 1.〉

제2조(미곡 등의 수입허가 신청) 「양곡관리법 시행령」(이하 “영”이라 한다) 제14조제2항에 따른 미곡등수입허가 신청서는 별지 제1호서식과 같다.

[전문개정 2009. 10. 1.]

제2조의2 삭제 〈2015. 3. 11.〉

제2조의3(수입이익금의 부과대상 품목) 법 제13조의2제1항에서 “농림축산식품부령으로 정하는 품목”이란 다음 각 호의 어느 하나에 해당하는 양곡(사료용 양곡은 제외한다)을 말한다. 〈개정 2013. 3. 23., 2019. 8. 26.〉

1. 소비자 시판용 미곡

2. 가공용 미곡과 맥류(麥類) 중 보리

3. 두류(豆類) 중 대두 · 팥 · 녹두 · 땅콩

4. 메밀 · 감자

5. 영 제2조제1항제2호에 따른 교잡(交雜)곡물, 귀리, 율무, 밀의 분쇄물, 가루, 압착물 중 농림축산식품부장관이 정하여 고시하는 품목

6. 영 제2조제1항제2호에 따른 교잡곡물, 귀리, 율무, 밀의 분쇄물 또는 가루의 응집물 중 농림축산식품부장관이 정하여 고시하는 품목

[전문개정 2009. 10. 1.]

제2조의4(수입이익금의 산정 등) ① 농림축산식품부장관이 법 제13조의2제1항에 따라 국내가격과 수입가격의 차액의 범위에서 부과 · 징수할 수 있는 수입이익금은 양곡의 판매수입금에서 농림축산식품부장관이 정하여 고시하는 비용산정기준 및 방법에 따라 산정된 해당 양곡의 물품대금 · 운임 · 보험료, 그 밖의 수입에 소요되는 비목의 비용과 제세공과금 · 보관료 · 운송료 · 판매수수료 등 국내 판매에 소요되는 비목의 비용을 공제한 금액이나 양곡의 수입자로 결정된 자가 수입자 결정 시 납입하기로 한 금액으로 한다. 〈개정 2013. 3. 23.〉

② 법 제13조의2에 따라 수입이익금을 낼 의무가 있는 자는 농림축산식품부장관이 정하여 고시하는 기한까지 다음 각 호에 따른 기금 또는 특별회계에 수입이익금을 내야 한다. 〈개정 2013. 3. 23., 2015. 2. 2., 2020. 5. 12.〉

1. 제2조의3제1호에 따른 미곡: 「농업 · 농촌 공익기능 증진 직접

지불제도 운영에 관한 법률」 제25조에 따른 농업·농촌 공익기능 증진 직접지불기금

2. 제2조의3제2호에 따른 양곡: 「정부기업예산법」 제3조제3호에 따른 양곡관리특별회계

3. 제2조의3제3호부터 제6호까지에 따른 양곡:「농수산물유통 및 가격안정에 관한 법률」 제54조에 따른 농산물가격안정기금

③ 제2항제3호에 따른 수입이익금을 납입하여야 하는 자는 해당 수입이익금이 1천만원 이하인 경우에는 신용카드, 직불카드 등으로 납입할 수 있다. 〈신설 2017. 11. 16.〉

[전문개정 2009. 10. 1.]

제3조 삭제 〈1999. 8. 21.〉

제4조(양곡가공업의 신고 등) ① 법 제19조 및 영 제21조제1항에 따라 제분업·제조업이나 도정업의 신고를 하려는 자는 다음 각 호의 구분에 따른 신고서 및 서류를 특별자치시장·특별자치도지사·시장·군수 또는 구청장(자치구의 구청장을 말한다. 이하 같다)에게 제출(전자문서에 의한 제출을 포함한다)하여야 한다. 〈개정 2017. 11. 16.〉

1. 제분업·제조업의 신고를 하려는 자: 별지 제2호서식의 양곡가공업(제분업용·제조업용) 신고서와 다음 각 목의 서류

가. 별지 제3호서식의 동력 및 기계시설 내역표

나. 원료처리 및 제품생산 능력표(제조업의 경우만 해당한다)

2. 도정업의 신고를 하려는 자: 별지 제4호서식의 양곡가공업(도정업용) 신고서와 별지 제3호서식의 동력 및 기계시설 내역표

② 특별자치시장 · 특별자치도지사 · 시장 · 군수 또는 구청장은 제1항에 따른 신고를 받은 때에는 그 내용이 제5조에 따른 시설기준에 적합한지를 확인한 후 별지 제5호서식의 양곡가공업 신고대장에 기재하고, 제분업 · 제조업의 신고를 한 자에게는 별지 제6호서식의 양곡가공업(제분업용 · 제조업용) 신고증을, 도정업의 신고를 한 자에게는 별지 제7호서식의 양곡가공업(도정업용) 신고증을 각각 발급(전자문서에 의한 발급을 포함한다)하여야 한다. 〈개정 2017. 11. 16.〉

③ 법 제19조제1항 후단 및 영 제21조제2항에 따라 변경신고를 하려는 자는 별지 제8호서식의 양곡가공업 변경신고서를 특별자치시장 · 특별자치도지사 · 시장 · 군수 또는 구청장에게 제출(전자문서에 의한 제출을 포함한다)하여야 한다. 다만, 영 제21조제2항제4호의 가공능력을 변경하려는 경우에는 그 변경 내용을 반영한 다음 각 호의 서류를 첨부하여야 한다. 〈개정 2017. 11. 16.〉

1. 별지 제3호서식의 동력 및 기계시설 내역표
2. 원료처리 및 제품생산 능력표(제조업의 경우만 해당한다)

④ 법 제19조제3항에 따라 휴업 또는 폐업을 신고하려는 자는 미리 별지 제9호서식의 양곡가공업 휴업 · 폐업신고서를 특별자치시장 · 특별자치도지사 · 시장 · 군수 또는 구청장에게 제출(전자문서에 의한 제출을 포함한다)하여야 한다. 〈개정 2017. 11. 16.〉

⑤ 특별자치시장 · 특별자치도지사 · 시장 · 군수 또는 구청장은 제3항이나 제4항에 따른 변경신고 또는 휴업 · 폐업신고를 받은 때에는 제2항의 양곡가공업 신고대장에 기재하고, 변경신고를 한 자에게는

해당 양곡가공업 신고증을 갱신하여 발급(전자문서에 의한 발급을 포함한다)하여야 한다. 다만, 제3항 각 호 외의 부분 단서의 가공능력에 대한 변경신고를 받은 경우에는 제5조에 따른 시설기준에 적합한지를 확인하여야 한다. 〈개정 2017. 11. 16.〉

⑥ 제2항의 양곡가공업 신고대장은 전자적 처리가 불가능한 특별한 사유가 없으면 전자적 방법으로 작성 · 관리하여야 한다.

[전문개정 2009. 10. 1.]

제4조의2(양곡가공업자의 지위승계 신고) ① 법 제19조의2제3항에 따라 종전의 양곡가공업을 신고한 자의 지위를 승계한 자가 그 승계 사실을 신고하려면 별지 제10호서식의 양곡가공업자 지위승계 신고서에 지위승계를 증명할 수 있는 서류를 첨부하여 특별자치시장 · 특별자치도지사 · 시장 · 군수 또는 구청장에게 제출(전자문서에 의한 제출을 포함한다)하여야 한다. 〈개정 2017. 11. 16.〉

② 특별자치시장 · 특별자치도지사 · 시장 · 군수 또는 구청장은 제1항에 따른 신고를 받은 때에는 지위승계 사실을 확인한 후 제4조제2항의 양곡가공업 신고대장에 기재하고 해당 양곡가공업 신고증을 발급(전자문서에 의한 발급을 포함한다)하여야 한다. 〈개정 2017. 11. 16.〉

[전문개정 2009. 10. 1.]

제5조(양곡가공업의 시설기준) 법 제19조제1항 전단에 따른 시설기준은 별표 3과 같다.

[전문개정 2009. 10. 1.]

제6조 삭제 〈1999. 8. 21.〉

제7조(제조업의 범위) 영 제21조제1항제2호에서 “농림축산식품부령으로 정하는 규모 이상의 제조업”이란 다음 각 호의 어느 하나에 해당하는 제조업을 말한다. 〈개정 2013. 3. 23.〉

1. 옥수수를 원료로 하여 전분 및 전분당(물엿 · 포도당 · 과당)을 제조하는 업으로서 1일(24시간) 24톤 이상의 원료처리시설을 갖춘 제조업

2. 대두를 원료로 하여 식용유지 및 탈지대두를 생산하는 업으로서 1일(24시간) 20톤 이상의 원료처리시설을 갖춘 제조업

[전문개정 2009. 10. 1.]

제7조의2(도정업의 범위) 영 제21조제1항제3호에서 “농림축산식품부령으로 정하는 규모 이상의 도정업”이란 1일(8시간 기준) 2톤 이상의 미곡 또는 1톤 이상의 맥류를 생산할 수 있는 시설을 갖춘 도정업을 말한다. 〈개정 2013. 3. 23.〉

[전문개정 2009. 10. 1.]

제7조의3(양곡의 표시사항 등) 법 제20조의2에 따른 양곡의 표시사항과 표시방법은 별표 4와 같다.

[전문개정 2008. 2. 1.]

제7조의4(거짓 · 과대의 표시 · 광고의 범위) 법 제20조의3제2항에 따른 거짓 · 과대의 표시 및 거짓 · 과대의 광고의 범위는 표시의 경우에는 포장 · 용기에, 광고의 경우에는 라디오 · 텔레비전 · 신문 · 잡지 · 인터넷이나 그 밖의 방법으로 양곡의 명칭 · 품질 등에 대한 정보를 나타내거나 알리는 행위 중 다음 각 호의 어느 하나에 해당하는 것으로 한다. 〈개정 2013. 10. 2.〉

1. 법 제20조의2에 따른 표시사항과 표시방법을 사실과 다르게 한 표시ㆍ광고

2. "최고"ㆍ"가장 좋은" 또는 "특" 등의 표현("Best"ㆍ"Most"ㆍ"Special", "特"ㆍ"最高", "베스트"ㆍ"모스트"ㆍ"스페셜" 등의 표현을 포함하며, 이하 이 호에서 "최고등의 표현"이라 한다)으로 소비자를 현혹하거나 현혹할 우려가 있는 표시ㆍ광고. 다만, 수상경력 등 객관적인 자료나 사업자의 증명에 의하여 최고등의 표현이 사실에 부합하는 것으로 판단되는 경우는 제외한다.

3. 다른 사업자의 제품을 비방하는 표시ㆍ광고

4. 수상ㆍ인증ㆍ추천 또는 보증에 대한 내용을 실제와 다르게 표현하는 표시ㆍ광고

[전문개정 2009. 10. 1.]

제7조의5(혼합 금지 대상 양곡) ① 법 제20조의4제2항 각 호 외의 부분에서 "농림축산식품부령으로 정하는 양곡"이란 미곡을 말한다.

② 제1항에 따른 미곡은 벼, 현미 및 쌀(찰벼, 찰현미 및 찹쌀을 제외한다)로서 맨눈으로 원형을 알아볼 수 있는 것(부서진 것을 포함한다)을 말한다. 〈개정 2017. 11. 16., 2019. 8. 26.〉

[본조신설 2015. 6. 30.]

제8조(행정처분의 기준) 법 제21조제3항에 따른 영업정지 등 행정처분의 기준은 별표 5와 같다.

[전문개정 2008. 2. 1.]

제9조(미곡유통업의 육성) 농림축산식품부장관은 법 제22조제2항에 따른 미곡의 매입자금을 생산자인 농민과의 계약재배를 통하여 원료

벼를 확보하는 자에게 우선 지원할 수 있다. 〈개정 2013. 3. 23.〉

[전문개정 2009. 10. 1.]

제10조(조사공무원의 증표) 법 제27조제3항에 따른 조사공무원의 증표는 별지 제11호서식 및 별지 제12호서식과 같다.

[전문개정 2009. 10. 1.]

제10조의2(명예감시원의 자격 · 위촉방법 등) ① 법 제27조의2제3항 및 영 제34조제2항제2호에 따라 국립농산물품질관리원장, 특별시장 · 광역시장 · 도지사 · 특별자치도지사 · 시장 · 군수 또는 구청장(이하 "명예감시원 위촉자"라 한다)은 다음 각 호의 어느 하나에 해당하는 자 중에서 명예감시원을 위촉할 수 있다.

1. 생산자단체, 소비자단체 등의 회원이나 직원 중에서 해당 단체의 장이 추천하는 자

2. 양곡의 유통에 관심이 있고 명예감시원의 임무를 성실히 수행할 수 있는 자

② 명예감시원의 업무범위는 다음 각 호와 같다. 〈개정 2012. 7. 20., 2013. 3. 23., 2015. 6. 30.〉

1. 법 제9조제4항에 따라 농림축산식품부장관이 지정한 양곡의 용도 외의 사용 · 처분에 대한 감시 · 신고

2. 법 제20조의2에 따른 양곡의 표시사항 및 표시방법에 관한 지도 · 홍보 및 위반사항에 대한 감시 · 신고

3. 법 제20조의3에 따른 거짓 · 과대의 표시 · 광고에 대한 감시 · 신고

4. 법 제20조의4에 따른 양곡의 혼합 유통 · 판매에 대한 감시 ·

신고

5. 그 밖에 양곡의 유통질서 확립과 관련하여 명예감시원 위촉자가 부여하는 임무

③ 명예감시원 위촉자는 명예감시원의 활동을 지원하기 위하여 예산의 범위에서 농림축산식품부장관이 정하는 바에 따라 수당을 지급할 수 있다. 〈개정 2013. 3. 23.〉

④ 명예감시원의 운영에 필요한 세부사항은 농림축산식품부장관이 정하여 고시한다. 〈개정 2013. 3. 23.〉

[전문개정 2009. 10. 1.]

제11조 삭제 〈2008. 12. 31.〉

제12조(보고) 시장·군수 또는 구청장은 양곡가공업 중 영 제21조제1항제1호 및 제2호에 따른 제분업 및 제조업의 신고 현황을 별지 제13호서식에 따라 매 반기가 끝나는 달의 다음 달 15일까지 특별시장·광역시장 또는 도지사에게 보고하여야 한다.

[전문개정 2009. 10. 1.]

제13조(규제의 재검토) 농림축산식품부장관은 다음 각 호의 사항에 대하여 다음 각 호의 기준일을 기준으로 3년마다(매 3년이 되는 해의 기준일과 같은 날 전까지를 말한다) 그 타당성을 검토하여 개선 등의 조치를 하여야 한다. 〈개정 2017. 1. 2.〉

1. 제1조의3 및 별표 1에 따른 정부관리양곡의 용도별 매입자격 기준: 2017년 1월 1일

2. 제1조의4 및 별표 2에 따른 정부관리양곡의 매입자격 제한기준: 2017년 1월 1일

3. 제4조에 따른 양곡가공업의 신고 등의 절차: 2017년 1월 1일

4. 제5조 및 별표 3에 따른 양곡가공업의 시설기준: 2017년 1월 1일

[본조신설 2015. 1. 6.]

부칙 〈제1141호, 1994. 5. 25.〉

이 규칙은 공포한 날부터 시행한다. 다만, 제4조 및 이와 관련되는 양곡가공업에 관한 규정은 1995년 1월 6일부터 시행한다

부칙 〈제1165호, 1994. 12. 31.〉

이 규칙은 세계무역기구(WTO)설립을 위한 마라케쉬협정의 효력이 국내에서 발생되는 날부터 시행한다.

부칙 〈제1220호, 1995. 12. 30.〉

이 규칙은 공포한 날부터 시행한다. 다만, 별표 1의 개정규정은 공포후 1년이 경과한 날부터 시행한다.

부칙 〈제1246호, 1996. 12. 28.〉 (농지법시행규칙등중개정령)

이 규칙은 공포한 날부터 시행한다.

부칙 〈제1251호, 1997. 2. 6.〉

이 규칙은 공포한 날부터 시행한다.

부칙 〈제1331호, 1999. 5. 24.〉 (농림부와그소속기관직제시행규칙)

제1조 (시행일) 이 규칙은 공포한 날부터 시행한다. 〈단서생략〉

제2조 생략

제3조 (다른법령의 개정) ①생략

②양곡관리법시행규칙중 다음과 같이 개정한다.

제4조제3항 및 제6조제3항중 "국립농산물검사소지소장"을 "국립농산물품질관리원지원장"으로 한다.

제10조제2항중 "국립농산물검사소장"을 "국립농산물품질관리원장"으로 한다.

별표 2중 소규모도정업 비고란 제3호 및 대규모도정업 비고란 제6호중의 "국립농산물검사소장"을 "국립농산물품질관리원장"으로 한다.

부칙 〈제1341호, 1999. 8. 21.〉

이 규칙은 공포한 날부터 시행한다.

부칙 〈제1366호, 2000. 6. 23.〉 (농수산물유통및가격안정에관한법률시행규칙)

제1조 (시행일) 이 규칙은 공포한 날부터 시행한다.

제2조 생략

제3조 (다른 법령의 개정) ①생략

②양곡관리법시행규칙중 다음과 같이 개정한다.

제2조의4제2항중 "농수산물유통및가격안정에관한법률 제44조"를

"농수산물유통및가격안정에관한법률 제54조"로 한다.

③생략

부칙 〈제1423호, 2002. 7. 27.〉

이 규칙은 공포한 날부터 시행한다.

부칙 〈제1498호, 2005. 7. 1.〉

이 규칙은 2005년 7월 1일부터 시행한다.

부칙 〈제1518호, 2006. 3. 10.〉

이 규칙은 공포한 날부터 시행한다.

부칙 〈제1579호, 2008. 2. 1.〉

제1조 (시행일) 이 규칙은 2008년 2월 4일부터 시행한다.

제2조 (양곡가공업 시설기준의 변경에 관한 경과조치) 이 규칙 시행 당시 양곡가공업을 영위하고 있는 자로서 별표 3의 개정규정에 따라 양곡가공업의 신고를 하여야 하는 자는 이 규칙 시행일부터 3개월 이내에 시장·군수 또는 구청장에게 양곡가공업의 신고를 하여야 한다.

제3조 (양곡의 표시사항 및 표시방법의 변경에 관한 경과조치) 양곡의 표시사항 및 표시방법에 관하여는 별표 4의 개정규정에도 불구하고 2008년 6월 30일까지는 종전의 규정에 따라 표시할 수 있다.

부칙 〈제1호, 2008. 3. 3.〉 (농림수산식품부와 그 소속기관

직제 시행규칙)

제1조 (시행일) 이 규칙은 공포한 날부터 시행한다.

제2조 부터 제4조까지 생략

제5조 (다른 법령의 개정) ① 부터 ㉞ 까지 생략

㉟ 양곡관리법 시행규칙 일부를 다음과 같이 개정한다.

제1조의2 각 호 외의 부분, 제1조의4제1항 각 호 외의 부분, 제1조의5, 제2조의2, 제2조의3 각 호 외의 부분, 제7조 각 호 외의 부분 및 제7조의2 중 "농림부령"을 각각 "농림수산식품부령"으로 한다.

제1조의2제5호, 제1조의5, 제2조의3제4호, 제2조의4제1항 · 제2항 각 호 외의 부분, 제9조 및 제10조의2제2항제1호 · 제3항 · 제4항 중 "농림부장관"을 각각 "농림수산식품부장관"으로 한다.

별표 1, 별표 2 제2호나항 및 별지 제1호서식 뒤쪽 중 "농림부장관"을 각각 "농림수산식품부장관"으로 한다.

별지 제1호서식 중 "산업자원부"를 "지식경제부"로 한다.

별지 제5호서식 뒤쪽 및 별지 제12호서식 중 "농림부령"을 각각 "농림수산식품부령"으로 한다.

㊱ 부터 〈63〉 까지 생략

부칙 〈제37호, 2008. 11. 18.〉 (행정정보의 공동이용 및 문서감축 등을 위한 농산물의생산자를위한직접지불제도시행규칙 등 일부개정령)

이 규칙은 공포한 날부터 시행한다.

부칙 <제47호, 2008. 12. 31.>

제1조(시행일) 이 규칙은 공포한 날부터 시행한다.

제2조(수입이익금의 부과대상품목에 관한 적용례) 제2조의3제3호의2의 개정규정은 이 규칙 시행 후 최초로 수입하는 분부터 적용한다.

제3조(수입이익금의 산정등에 관한 적용례) 제2조의4제1항의 개정규정은 이 규칙 시행 후 최초로 양곡의 수입자로 결정되는 분부터 적용한다.

부칙 <제55호, 2008. 12. 31.> (농림수산식품부와 그 소속기관 직제 시행규칙)

제1조(시행일) 이 규칙은 공포한 날부터 시행한다. <단서 생략>

제2조(다른 법률의 개정) ① 부터 ⑨ 까지 생략

⑩ 양곡관리법 시행규칙 일부를 다음과 같이 개정한다.

별표 4 제1호가목4)가) 및 나목1)·2) 중 "농림부장관"을 각각 "농림수산식품부장관"으로 한다.

⑪ 부터 ⑯까지 생략

부칙 <제83호, 2009. 10. 1.>

제1조(시행일) 이 규칙은 2009년 10월 2일부터 시행한다.

제2조(다른 법령의 폐지) 양곡증권정리기금법시행규칙은 폐지한다.

부칙 <제191호, 2011. 4. 13.>

제1조(시행일) 이 규칙은 2011년 11월 1일부터 시행한다. 다만, 별

표 4 제1호아목의 개정 규정은 2012년 11월 1일부터 시행한다.

제2조(양곡의 표시사항 및 표시방법의 변경에 관한 경과조치) 이 규칙 시행 당시 종전의 규정에 따라 포장양곡에 표시된 양곡의 표시사항 및 표시방법은 다음 각 호의 구분에 따른 날까지 별표 4의 개정규정에 따른 양곡의 표시사항 및 표시방법과 함께 사용할 수 있다.

1. 품위 및 품위의 규격에 대한 표시사항 및 표시방법 : 2012년 4월 30일까지

2. 단백질 함량의 규격에 대한 표시사항 및 표시방법 : 2013년 4월 30일까지

부칙 〈제296호, 2012. 7. 20.〉 (농수산물 품질관리법 시행규칙)

제1조(시행일) 이 규칙은 2012년 7월 22일부터 시행한다.

제2조 부터 제4조까지 생략

제5조(다른 법령의 개정) ①부터 ③까지 생략

④ 양곡관리법 시행규칙 일부를 다음과 같이 개정한다.

제10조의2제2항제4호 중 "「농산물품질관리법」 제15조제2항에 따른 양곡의 원산지 표시 또는 같은 법 제16조제2항"을 "「농수산물 품질관리법」 제56조"로 한다.

⑤ 및 ⑥ 생략

제6조 생략

부칙 〈제326호, 2012. 12. 11.〉 (법령서식 개선을 위한 가축분뇨의 자원화 및 이용 촉진에 관한 규칙 등 일부개정령)

이 규칙은 공포한 날부터 시행한다.

부칙 〈제1호, 2013. 3. 23.〉 (농림축산식품부와 그 소속기관 직제 시행규칙)

제1조(시행일) 이 규칙은 공포한 날부터 시행한다.

제2조 부터 제7조까지 생략

제8조(다른 법령의 개정) ①부터 ㉘까지 생략

㉙ 양곡관리법 시행규칙 일부를 다음과 같이 개정한다.

제1조의2 각 호 외의 부분, 제1조의4제1항 각 호 외의 부분, 제2조의2, 제2조의3 각 호 외의 부분, 제7조 각 호 외의 부분, 제7조의2, 별지 제2호서식 뒤쪽 및 별지 제4호서식 중 "농림수산식품부령"을 각각 "농림축산식품부령"으로 한다.

제1조의2제5호, 제2조의3제5호·제6호, 제2조의4제1항, 같은 조 제2항 각 호 외의 부분, 제9조, 제10조의2제2항제1호, 같은 조 제3항·제4항, 별표 1 제4호의 매입 자격기준란, 같은 표 제5호의 매입 자격기준란, 별표 2 제2호나목의 위반행위란, 별표 4 제1호라목 1), 같은 호 사목1), 같은 호 아목1) 및 별지 제1호서식 앞쪽·뒤쪽 중 "농림수산식품부장관"을 각각 "농림축산식품부장관"으로 한다.

제10조의2제2항제4호를 삭제한다.

별지 제1호서식 뒤쪽 중 "농림수산식품부"를 각각 "농림축산식품부"로 한다.

㉚부터 ㊴까지 생략

부칙 〈제44호, 2013. 10. 2.〉

제1조(시행일) 이 규칙은 공포한 날부터 시행한다.

제2조(양곡의 표시사항 및 표시방법의 변경에 관한 경과조치) 이 규칙 시행 당시 종전의 규정에 따라 포장양곡에 표시된 양곡의 표시사항 및 표시방법은 이 규칙 시행일부터 1년간 별표 4의 개정규정에 따른 양곡의 표시사항 및 표시방법과 함께 사용할 수 있다.

부칙 〈제104호, 2014. 8. 29.〉 (개인정보 보호를 위한 가축전염병 예방법 시행규칙 등 일부개정령)

제1조(시행일) 이 규칙은 공포한 날부터 시행한다.

제2조(서식에 관한 경과조치) ① 이 규칙 시행 당시 종진의 규정에 따라 사용 중인 서식은 2014년 12월 31일까지 이 규칙에 따른 서식과 함께 계속하여 사용할 수 있다. 이 경우 이 규칙에 따라 개정된 부분은 수정하여 사용한다.

② 이 규칙 시행 당시 종전의 규정에 따라 발급된 역학조사반원증, 가축방역관(검역관)증, 가축방역사증, 말조련사 자격증, 장제사 자격증, 재활승마지도사 자격증, 농어촌형 승마시설 신고확인증, 양곡관리 조사공무원증 및 외식산업 전문인력 양성기관 지정서는 이 규칙에 따라 발급된 것으로 본다.

부칙 〈제129호, 2015. 1. 6.〉 (규제 재검토기한 설정 등을

위한 가축전염병 예방법 시행규칙 등 일부개정령)
제1조(시행일) 이 규칙은 공포한 날부터 시행한다.
제2조 생략

부칙 〈제133호, 2015. 2. 2.〉 (농업소득의 보전에 관한 법률 시행규칙)
제1조(시행일) 이 규칙은 공포한 날부터 시행한다.
제2조 및 제3조 생략
제4조(다른 법령의 개정) ① 및 ② 생략
③ 양곡관리법 시행규칙 일부를 다음과 같이 개정한다.
제2조의4제2항제1호 중 "「쌀소득 등의 보전에 관한 법률」 제17조에 따른 쌀소득보전변동직접지불기금"을 "「농업소득의 보전에 관한 법률」 제19조에 따른 농업소득보전직접지불기금"으로 한다.
제5조 생략

부칙 〈제137호, 2015. 3. 11.〉
이 규칙은 공포한 날부터 시행한다.

부칙 〈제147호, 2015. 6. 30.〉
제1조(시행일) 이 규칙은 2015년 7월 7일부터 시행한다.
제2조(정부관리양곡의 매입자격 제한에 관한 경과조치) 별표 2 제2호의 개정규정에도 불구하고 이 규칙 시행 전의 위반행위에 관하여는 종전의 규정을 적용한다.

부칙 〈제177호, 2015. 12. 3.〉

이 규칙은 공포한 날부터 시행한다.

부칙 〈제216호, 2016. 7. 7.〉 (행정규제 개선을 위한 농수산물 유통 및 가격안정에 관한 법률 시행규칙 등 일부개정령)

이 규칙은 공포한 날부터 시행한다.

부칙 〈제222호, 2016. 10. 13.〉

제1조(시행일) 이 규칙은 공포 후 1년이 경과한 날부터 시행한다.

제2조(양곡의 등급표시에 관한 경과조치) 별표 4 제1호가목7)나 및 같은 표 제2호가목1)라의 개정규정에도 불구하고 이 규칙 시행일 이후 1년이 경과한 날까지는 종전의 규정에 따라 등급을 표시할 수 있다.

부칙 〈제237호, 2017. 1. 2.〉 (일몰도래 규제 정비를 위한 가축 및 축산물 이력관리에 관한 법률 시행규칙 등 일부개정령)

제1조(시행일) 이 규칙은 공포한 날부터 시행한다.

제2조 생략

부칙 〈제244호, 2017. 1. 25.〉

제1조(시행일) 이 규칙은 공포한 날부터 시행한다.

제2조(정부관리양곡 매입자격 제한에 관한 경과조치) 이 규칙 시행 전의 행위에 대한 정부관리양곡 매입자격 제한에 관하여는 별표 2의 개정규정에도 불구하고 종전의 규정에 따른다.

부칙 〈제294호, 2017. 11. 16.〉

이 규칙은 공포한 날부터 시행한다.

부칙 〈제391호, 2019. 8. 26.〉 (어려운 법령용어 정비를 위한 37개 법령의 일부개정에 관한 농림축산식품부령)

이 규칙은 공포한 날부터 시행한다.

부칙 〈제424호, 2020. 5. 12.〉 (농업·농촌 공익기능 증진 직접지불제도 운영에 관한 법률 시행규칙)

제1조(시행일) 이 규칙은 공포한 날부터 시행한다.

제2조 생략

제3조(다른 법령의 개정) ① 및 ② 생략

③ 양곡관리법 시행규칙 일부를 다음과 같이 개정한다.

제2조의4제2항제1호 중 "「농업소득의 보전에 관한 법률」 제19조에 따른 농업소득보전직접지불기금"을 "「농업·농촌 공익기능 증진 직접지불제도 운영에 관한 법률」 제25조에 따른 농업·농촌 공익기능 증진 직접지불기금"으로 한다.

④ 및 ⑤ 생략

제4조 생략

부칙 〈제511호, 2021. 12. 31.〉 (농수산물의 원산지 표시 등에 관한 법률 시행규칙)

제1조(시행일) 이 규칙은 2022년 1월 1일부터 시행한다.

제2조(다른 법령의 개정) ①부터 ④까지 생략

⑤ 양곡관리법 시행규칙 일부를 다음과 같이 개정한다.

별표 2 제2호마목 중 “「농수산물의 원산지 표시에 관한 법률」”을 “「농수산물의 원산지 표시 등에 관한 법률」”로 한다.

별표 4 제2호가목라) 중 “「농수산물의 원산지 표시에 관한 법률」”을 “「농수산물의 원산지 표시 등에 관한 법률」”로 한다.

별표 5 제2호차목 중 “「농수산물의 원산지 표시에 관한 법률」”을 “「농수산물의 원산지 표시 등에 관한 법률」”로 한다.

⑥ 및 ⑦ 생략

부칙 〈제597호, 2023. 7. 21.〉

이 규칙은 공포한 날부터 시행한다.

별표 / 서식

[별표 1] 정부관리양곡을 용도에 따라 매입할 수 있는 자의 자격기준(제1조의3 관련)

[별표 2] 정부관리양곡의 매입자격 제한기준(제1조의4 관련)

[별표 3] 양곡가공업의 시설기준(제5조 관련)

[별표 4] 양곡의 표시사항 및 표시방법(제7조의3 관련)

[별표 5] 양곡가공업자에 대한 행정처분기준(제8조 관련)

[별표 6] [별표 2]로 이동 〈2008.2.1〉

[별표 7] [별표 4]로 이동 〈2008.2.1〉

[별지 제1호서식] 미곡등수입허가 신청서

[별지 제2호서식] 양곡가공업(제분업용, 제조업용) 신고서

[별지 제3호서식] 동력 및 기계시설 내역표

[별지 제4호서식] 양곡가공업(도정업용) 신고서

[별지 제5호서식] 양곡가공업 신고대장

[별지 제6호서식] 양곡가공업(제분업용, 제조업용) 신고증

[별지 제7호서식] 양곡가공업(도정업용) 신고증

[별지 제8호서식] 양곡가공업 변경신고서

[별지 제9호서식] 양곡가공업(휴업, 폐업)신고서

[별지 제10호서식] 양곡가공업자 지위승계 신고서

[별지 제11호서식] 양곡관리 조사공무원증

[별지 제12호서식] 양곡관리 조사공무원증

[별지 제13호서식] 양곡가공업 신고 현황 보고

대한민국 법령 시리즈 399

양곡관리법

법령 / 시행령 / 시행규칙

2025년 12월 9일 인쇄 정가 15,000원
2025년 12월 19일 발행

편 저 편집부
디 자 인 송영미
발 행 인 조준형
발 행 처 해광출판사

http://www.hgbookpub.com
E-mail : munbookcokr@naver.com
주 소 부산광역시 중구 해관로 41-1 (중앙동2가)
전화번호 (051) 253-0001 팩스 (051) 245-1187

등 록 제 2012-000005호

해광출판사에서는 여러분의 소중한 원고와 함께 할 기회를 기다리고 있습니다. 책으로 엮을 원고나 아이디어가 있으신 분들은 이메일 munbookcokr@naver.com로 책에 대한 간단한 개요와 원고 전체 또는 일부를 연락처와 함께 보내주십시오.

ISBN 979-11-6881-928-3

※ 법령 출처 : 법제처 국가법령정보센터
※ 본 도서는 〈공공데이터 제공 및 이용 활성화에 관한 법률〉을 근거로 출판되었습니다.

해광출판사 대한민국 법령 시리즈

001. 선원법
002. 어선법
003. 선박직원법
004. 해사안전기본법
005. 해양환경관리법
006. 선박의 입항 및 출항등에 관한 법률
007. 학교안전사고예방 및 보상에 관한 법률
008. 종합부동산세법
009. 방위사업법
010. 행정규제기본법
011. 식품산업진흥법
012. 위험물안전관리법
013. 화재의 예방 및 안전관리에 관한 법률
014. 도시가스사업법
015. 실내공기질관리법
016. 지방세법
017. 소득세법
018. 법인세법
019. 도선법
020. 선박안전법
021. 선박법
022. 수산업법
023. 고압가스안전관리법
024. 국민연금법
025. 공동주택관리법
026. 화학물질관리법
027. 어선원 및 어선 재해보상보험법
028. 장기등 이식에 관한 법률
029. 자연재해대책법
030. 공유재산 및 물품 관리법
031. 산업입지 및 개발에 관한 법률
032. 부정경쟁방지 및 영업비밀보호에 관한 법률
033. 금융지주회사법
034. 온실가스 배출권의 할당 및 거래에 관한 법률
035. 건축사법
036. 산림문화휴양에 관한 법률
037. 전기사업법
038. 사립학교법
039. 고등교육법
040. 액화석유가스의 안전관리 및 사업법
041. 선박투자회사법
042. 수산자원관리법
043. 위험물선박운송및저장규칙
044. 선박평형수관리법
045. 주택임대차보호법
046. 상가건물임대차보호법
047. 지방공기업법
048. 승강기안전관리법
049. 수목원·정원의 조성 및 진흥에 관한 법률
050. 민법
051. 치료감호 등에 관한 법률
052. 대부업 등의 등록 및 금융이용자 보호에 관한 법률
053. 사료관리법
054. 무형문화재 보전 및 진흥에 관한 법률
055. 총포·도검·화약류 등의 안전관리에 관한 법률
056. 경찰관직무집행법
057. 시설물의 안전 및 유지관리에 관한 특별법
058. 수산생물질병 관리법
059. 소비자기본법
060. 국제선박등록법
061. 정보통신망 이용촉진 및 정보보호 등에 관한 법률
062. 해운법
063. 농수산물 품질관리법
064. 수산업협동조합법
065. 해외건설촉진법
066. 수상레저안전법
067. 공무원재해보상법
068. 수상에서의 수색·구조 등에 관한 법률
069. 어촌어항법
070. 항만법
071. 항만운송사업법
072. 해양경비법
073. 해양사고의 조사 및 심판에 관한 법률
074. 외국인근로자의 고용 등에 관한 법률
075. 중소기업기본법
076. 자유무역지역의 지정 및 운영에 관한 법률
077. 대기환경보전법
078. 소음진동관리법
079. 폐기물관리법
080. 하수도법
081. 물환경보전법
082. 토양환경보전법
083. 환경정책기본법
084. 산업재해보상보험법
085. 관세법
086. 노동조합 및 노동관계조정법
087. 근로기준법
088. 군인연금법
089. 먹는물관리법
090. 기술보증기금법
091. 관광진흥법
092. 감염병의 예방 및 관리에 관한 법률
093. 사법경찰관리의 직무를 수행할 자와 그 직무범위에 관한 법률
094. 수의사법
095. 가정폭력방지 및 피해자보호 등에 관한 법률
096. 환경영향평가법
097. 체육시설의 설치 · 이용에 관한 법률
098. 장사 등에 관한 법률
099. 상호저축은행법
100. 은행법
101. 보호관찰 등에 관한 법률
102. 형법
103. 자동차관리법
104. 형사소송법
105. 전자금융거래법
106. 마약류 불법거래 방지에 관한 특례법
107. 도로법
108. 주세법
109. 변리사법
110. 하천법
111. 중소기업진흥에 관한 법률
112. 발달장애인 권리보장 및 지원에 관한 법률
113. 주택법
114. 장애인복지법
115. 농어업경영체 육성 및 지원에 관한 법률
116. 공인중개사법
117. 건강기능식품에 관한 법률
118. 예비군법
119. 개발제한구역의 지정 및 관리에 관한 특별조치법
120. 국유재산법
121. 주차장법
122. 환경기술 및 환경산업 지원법
123. 대기관리권역의 대기환경개선에 관한 특별법
124. 악취방지법
125. 미세먼지 저감 및 관리에 관한 특별법
126. 가축분뇨의 관리 및 이용에 관한 법률
127. 물의 재이용 촉진 및 지원에 관한 법률
128. 물관리기본법
129. 물관리기술 발전 및 물산업 진흥에 관한 법률
130. 자원의 절약과 재활용촉진에 관한 법률
131. 전기 · 전자제품 및 자동차의 자원순환에 관한 법률
132. 건설폐기물의 재활용촉진에 관한 법률
133. 수도권매립지관리공사의 설립 및 운영 등에 관한 법률
134. 폐기물의 국가 간 이동 및 그 처리에 관한 법률
135. 폐기물처리시설 설치촉진 및 주변지역지원 등에 관한 법률
136. 자원순환기본법
137. 잔류성오염물질 관리법
138. 환경분쟁 조정법

해광출판사 대한민국 법령 시리즈

139. 화학물질의 등록 및 평가 등에 관한 법률
140. 환경오염시설의 통합관리에 관한 법률
141. 환경오염피해 배상책임 및 구제에 관한 법률
142. 중소기업제품 구매촉진 및 판로지원에 관한 법률
143. 환경개선비용 부담법
144. 환경분야 시험·검사 등에 관한 법률
145. 환경친화적 산업구조로의 전환촉진에 관한 법률
146. 환경친화적 자동차의 개발 및 보급 촉진에 관한 법률
147. 환경범죄 등의 단속 및 가중처벌에 관한 법률
148. 생명윤리 및 안전에 관한 법률
149. 장애인차별금지 및 권리구제 등에 관한 법률
150. 부동산투자회사법
151. 정치자금법
152. 과학기술기본법
153. 대리점거래의 공정화에 관한 법률
154. 상속세 및 증여세법
155. 학원의 설립 · 운영 및 과외교습에 관한 법률
156. 해양심층수의 개발 및 관리에 관한 법률
157. 전기용품 및 생활용품 안전관리법
158. 사회기반시설에 대한 민간투자법
159. 공직선거법
160. 정당법
161. 유류오염손해배상 보장법
162. 부정청탁 및 금품등 수수의 금지에 관한 법률
163. 항로표지법
164. 어장관리법
165. 민방위기본법
166. 공직자윤리법
167. 선거관리위원회법
168. 유선 및 도선 사업법
169. 전기공사업법
170. 사회복지사업법
171. 택지개발촉진법
172. 국가공무원법
173. 민간임대주택에 관한 특별법
174. 어음법·수표법
175. 민사집행법
176. 상법
177. 문화예술진흥법
178. 중소기업협동조합법
179. 농업협동조합법
180. 도로교통법
181. 의료사고 피해구제 및 의료분쟁 조정 등에 관한 법률
182. 산림보호법
183. 소년법
184. 동물보호법
185. 건축물관리법
186. 도시개발법
187. 화물자동차 운수사업법
188. 도시 및 주거환경정비법
189. 의료법
190. 국회법
191. 응급의료에 관한 법률
192. 출입국관리법
193. 노인복지법
194. 산림자원의 조성 및 관리에 관한 법률
195. 청소년 보호법
196. 초 · 중등교육법
197. 혁신도시 조성 및 발전에 관한 특별법
198. 경제자유구역의 지정 및 운영에 관한 특별법
199. 공공기관의 운영에 관한 법률
200. 대한민국헌법
201. 국민기초생활 보장법
202. 저작권법
203. 가사소송법
204. 국가유공자 등 예우 및 지원에 관한 법률
205. 국민체육진흥법
206. 전통주 등의 산업진흥에 관한 법률
207. 재난 및 안전관리 기본법
208. 정보통신공사업법
209. 주식회사 등의 외부감사에 관한 법률
210. 공익사업을 위한 토지 등의 취득 및 보상에 관한 법률
211. 개인정보 보호법
212. 국세기본법
213. 에너지이용 합리화법
214. 감정평가 및 감정평가사에 관한 법률
215. 국가인권위원회법
216. 가맹사업거래의 공정화에 관한 법률
217. 보건의료기본법
218. 산업안전보건법
219. 법무사법
220. 교육공무원법
221. 특허법
222. 민사소송법
223. 아동복지법
224. 전파법
225. 하도급거래 공정화에 관한 법률
226. 기초연금법
227. 사립학교교직원 연금법
228. 직업안정법
229. 장애아동 복지지원법
230. 부동산등기법
231. 자동차손해배상 보장법
232. 철도안전법
233. 항공안전법
234. 전자상거래 등에서의 소비자보호에 관한 법률
235. 독점규제 및 공정거래에 관한 법률
236. 상표법
237. 채무자 회생 및 파산에 관한 법률
238. 공무원연금법
239. 축산법
240. 근로복지기본법
241. 민원 처리에 관한 법률
242. 약사법
243. 방문판매 등에 관한 법률
244. 건축기본법
245. 지방세기본법
246. 지방세징수법
247. 지방자치법
248. 도시교통정비 촉진법
249. 공공주택 특별법
250. 국세징수법
251. 공인노무사법
252. 중대재해 처벌 등에 관한 법률
253. 외무공무원법
254. 소방시설공사업법
255. 검역법
256. 공중위생관리법
257. 할부거래에 관한 법률
258. 인터넷 멀티미디어 방송사업법
259. 전기통신사업법
260. 제품안전기본법
261. 철도사업법
262. 어린이제품 안전 특별법
263. 영유아보육법
264. 원자력안전법
265. 보험업법
266. 경비업법
267. 교통안전법
268. 세무사법
269. 관세사법
270. 공인회계사법
271. 지방공무원법
272. 고용정책 기본법
273. 국가경찰과 자치경찰의 조직 및 운영에 관한 법률
274. 협동조합 기본법
275. 재해구호법
276. 환경보건법

해광출판사 대한민국 법령 시리즈

277. 자살예방 및 생명존중문화 조성을 위한 법률
278. 소방산업의 진흥에 관한 법률
279. 소방기본법
280. 비송사건절차법
281. 자연환경보전법
282. 변호사법
283. 기업구조조정투자회사법
284. 전기통신기본법
285. 에너지법
286. 해양생태계의 보전 및 관리에 관한 법률
287. 사회보장기본법
288. 통신비밀보호법
289. 공증인법
290. 물류시설의 개발 및 운영에 관한 법률
291. 청소년활동 진흥법
292. 형의 집행 및 수용자의 처우에 관한 법률
293. 도시공원 및 녹지 등에 관한 법률
294. 태권도 진흥 및 태권도공원 조성 등에 관한 법률
295. 녹색건축물 조성 지원법
296. 우편법
297. 예금자보호법
298. 건설산업기본법
299. 금융회사의 지배구조에 관한 법률
300. 장애인활동 지원에 관한 법률
301. 언론중재 및 피해구제 등에 관한 법률
302. 국가재정법
303. 농지법
304. 게임산업진흥에 관한 법률
305. 정신건강증진 및 정신질환자 복지서비스 지원에 관한 법률
306. 디자인보호법
307. 의료기사 등에 관한 법률
308. 스마트도시 조성 및 산업진흥 등에 관한 법률
309. 내수면어업법
310. 한국주택금융공사법
311. 의료기기법
312. 유통산업발전법
313. 전통시장 및 상점가 육성을 위한 특별법
314. 여신전문금융업법
315. 해외자원개발 사업법
316. 산업교육진흥 및 산학연협력촉진에 관한 법률
317. 빈집 및 소규모주택 정비에 관한 특례법
318. 기업도시개발 특별법
319. 전력기술관리법
320. 국토기본법
321. 지하수법
322. 식품위생법
323. 광업법
324. 호스피스·완화의료 및 임종과정에 있는 환자의 연명의료결정에 관한 법률
325. 주식·사채 등의 전자등록에 관한 법률
326. 표시·광고의 공정화에 관한 법률
327. 골재채취법
328. 국민건강증진법
329. 새마을금고법
330. 여객자동차 운수사업법
331. 마리나항만의 조성 및 관리 등에 관한 법률
332. 한부모가족지원법
333. 국가를 당사자로 하는 계약에 관한 법률
334. 지방자치단체를 당사자로 하는 계약에 관한 법률
335. 축산물 위생관리법
336. 병역법
337. 음악산업진흥에 관한 법률
338. 국가균형발전 특별법
339. 첨단재생의료 및 첨단바이오의약품 안전 및 지원에 관한 법률
340. 공간정보의 구축 및 관리 등에 관한 법률
341. 공유수면 관리 및 매립에 관한 법률
342. 농수산물 유통 및 가격안정에 관한 법률
343. 아시아문화중심도시 조성에 관한 특별법
344. 신탁법
345. 자연공원법
346. 생활화학제품 및 살생물제의 안전관리에 관한 법률
347. 군인사법
348. 국제조세조정에 관한 법률
349. 낙동강수계 물관리 및 주민지원 등에 관한 법률
350. 주민등록법
351. 집합건물의 소유 및 관리에 관한 법률
352. 집단에너지사업법
353. 산림조합법
354. 반도체집적회로의 배치설계에 관한 법률
355. 자본시장과 금융투자업에 관한 법률
356. 담보부사채신탁법
357. 근로자퇴직급여 보장법
358. 국제과학비즈니스벨트 조성 및 지원에 관한 특별법
359. 수도법
360. 식품 등의 표시·광고에 관한 법률
361. 약관의 규제에 관한 법률
362. 인삼산업법
363. 종자산업법
364. 항공사업법
365. 건설기계관리법
366. 군형법
367. 궤도운송법
368. 기술의 이전 및 사업화 촉진에 관한 법률
369. 농수산물의 원산지 표시 등에 관한 법률
370. 담배사업법
371. 석유 및 석유대체연료 사업법
372. 가축전염병 예방법
373. 농어촌정비법
374. 식물신품종 보호법
375. 항공보안법
376. 중소기업창업 지원법
377. 군사법원법
378. 우주개발 진흥법
379. 해저광물자원 개발법
380. 산림복지 진흥에 관한 법률
381. 지능형 로봇 개발 및 보급 촉진법
382. 헌법재판소법
383. 옥외광고물 등의 관리와 옥외광고산업 진흥에 관한 법률
384. 혈액관리법
385. 국제항해선박 등에 대한 해적행위 피해예방에 관한 법률
386. 유료도로법
387. 독립유공자예우에 관한 법률
388. 신에너지 및 재생에너지 개발·이용·보급 촉진법
389. 신용정보의 이용 및 보호에 관한 법률
390. 출판문화산업 진흥법
391. 공항시설법
392. 국민 평생 직업능력 개발법
393. 아동·청소년의 성보호에 관한 법률
394. 방송법쉬
395. 신용보증기금법
396. 화장품법
397. 청소년 기본법
398. 인터넷주소자원에 관한 법률
399. 양곡관리법
400. 도로명주소법
401. 전자문서 및 전자거래 기본법
402. 산업기술의 유출방지 및 보호에 관한 법률
403. 국가기술자격법
404. 양식산업발전법
405. 산업기술혁신 촉진법
406. 새만금사업 추진 및 지원에 관한 특별법
407. 전자정부법
408. 지역 개발 및 지원에 관한 법률
409. 한국농어촌공사 및 농지관리기금법
410. 계량에 관한 법률
411. 기업활동 규제완화에 관한 특별조치법
412. 군에서의 형의 집행 및 군수용자의 처우에 관한 법률

해광출판사 대한민국 법령 시리즈

413. 규제자유특구 및 지역특화발전특구에 관한 규제특례법
414. 금융위원회의 설치 등에 관한 법률
415. 남녀고용평등과 일 · 가정 양립 지원에 관한 법률
416. 농어업인 삶의 질 향상 및 농어촌지역 개발촉진에 관한 특별법
417. 댐건설 · 관리 및 주변지역지원 등에 관한 법률
418. 국가유산수리 등에 관한 법률
419. 법원조직법
420. 보훈보상대상자 지원에 관한 법률
421. 부패방지 및 국민권익위원회의 설치와 운영에 관한 법률
422. 과학기술분야 정부출연연구기관 등의 설립 · 운영 및 육성에 관한 법률
423. 연구개발특구의 육성에 관한 특별법
424. 친환경농어업 육성 및 유기식품 등의 관리 · 지원에 관한 법률
425. 연안관리법
426. 영화 및 비디오물의 진흥에 관한 법률
427. 신용협동조합법
428. 방송통신발전 기본법
429. 범죄피해자 보호법
430. 가축 및 축산물 이력관리에 관한 법률
431. 국가표준기본법
432. 국가통합교통체계효율화법
433. 범죄인 인도법
434. 국가과학기술 경쟁력 강화를 위한 이공계지원 특별법
435. 국제경기대회 지원법
436. 금융혁신지원 특별법
437. 수자원의 조사 · 계획 및 관리에 관한 법률
438. 축산자조금의 조성 및 운용에 관한 법률
439. 소방시설 설치 및 관리에 관한 법률
440. 양성평등기본법
441. 축산계열화사업에 관한 법률
442. 수입식품안전관리 특별법
443. 대외무역법
444. 국가연구개발사업 등의 성과평가 및 성과관리에 관한 법률
445. 무역보험법
446. 기술사법
447. 광산안전법
448. 농약관리법
449. 농업 · 농촌 및 식품산업 기본법
450. 문화산업진흥 기본법
451. 부담금관리 기본법
452. 야생생물 보호 및 관리에 관한 법률
453. 한국은행법
454. 별정우체국법
455. 원양산업발전법
456. 콘텐츠산업 진흥법
457. 한국수출입은행법
458. 외국인투자 촉진법
459. 물류정책기본법
460. 전자서명법
461. 산업발전법
462. 산업표준화법
463. 소프트웨어 진흥법
464. 토지이용규제 기본법
465. 해수욕장의 이용 및 관리에 관한 법률
466. 정보통신 진흥 및 융합 활성화 등에 관한 특별법
467. 정보통신산업 진흥법
468. 지진 · 화산재해대책법
469. 소금산업진흥법
470. 위치정보의 보호 및 이용 등에 관한 법률
471. 외국법자문사법
472. 이러닝(전자학습)산업 발전 및 이러닝 활용 촉진에 관한 법률
473. 암관리법
474. 실용신안법
475. 가족관계의 등록 등에 관한 법률
476. 무인도서의 보전 및 관리에 관한 법률
477. 감사원법
478. 정보보호산업의 진흥에 관한 법률
479. 결혼중개업의 관리에 관한 법률
480. 공익신고자 보호법
481. 박물관 및 미술관 진흥법
482. 낚시 관리 및 육성법
483. 동산 · 채권 등의 담보에 관한 법률
484. 임금채권보장법
485. 국민투표법
486. 농림수산업자 신용보증법
487. 국가채권 관리법
488. 중소기업은행법
489. 식품안전기본법
490. 외국환거래법
491. 발명진흥법
492. 건설기술 진흥법
493. 기후위기 대응을 위한 탄소중립 · 녹색성장 기본법
494. 인체조직안전 및 관리 등에 관한 법률
495. 엔지니어링산업 진흥법
496. 신문 등의 진흥에 관한 법률
497. 식물방역법
498. 석탄산업법
499. 산업융합 촉진법
500. 비료관리법
501. 임업 및 산촌 진흥촉진에 관한 법률
502. 복권 및 복권기금법
503. 대규모유통업에서의 거래 공정화에 관한 법률
504. 뉴스통신 진흥에 관한 법률
505. 지능정보화 기본법
506. 자격기본법
507. 중소기업 기술혁신 촉진법
508. 국가공간정보 기본법
509. 농어업재해대책법
510. 방송광고판매대행 등에 관한 법률
511. 지식재산 기본법
512. 초고층 및 지하연계 복합건축물 재난관리에 관한 특별법
513. 해양 조사와 해양정보 활용에 관한 법률
514. 공간정보산업 진흥법
515. 공공기관의 정보공개에 관한 법률
516. 행정기본법
517. 해상교통안전법
518. 농어업재해보험법
519. 문화유산의 보존 및 활용에 관한 법률
520. 자연유산의 보존 및 활용에 관한 법률
521. 국토의 계획 및 이용에 관한 법률
522. 건축법
523. 국민건강보험법
524. 게임법
525. 환경친화적 선박의 개발 및 보급 촉진에 관한 법률
526. 해양폐기물 및 해양오염퇴적물 관리법
527. 연안사고 예방에 관한 법률
528. 전기안전관리법
529. 의약품 등의 안전에 관한 규칙
530. 공공보건의료에 관한 법률
531. 군보건의료에 관한 법률
532. 농어촌 등 보건의료를 위한 특별조치법
533. 보호소년 등의 처우에 관한 법률
534. 국가를 당사자로 하는 소송에 관한 법률
535. 간호법
536. 국립묘지의 설치 및 운영에 관한 법률
537 주류 면허 등에 관한 법률
538. 부가가치세법
539. 자율운항선박 개발 및 상용화 촉진에 관한 법률

*** 해광출판사의 법령 시리즈는 계속 발행 됩니다.**
**** 각 도서의 개정판은 인쇄일을 기준으로 제작 되었습니다.**